U0212392

浙江大学平衡建筑研究中心资助

石塘石屋聚落与建筑

宣建华　田一川　丁钰杰　著

中国建设科技出版社 有限责任公司

China Construction Science and Technology Press Co., Ltd.

北　京

图书在版编目（CIP）数据

石塘石屋聚落与建筑/宣建华，田一川，丁钰杰著．
北京：中国建设科技出版社有限责任公司，2025.4.
ISBN 978-7-5160-4344-8

Ⅰ．TU-092.955.4

中国国家版本馆CIP数据核字第2025F6H817号

内容提要

　　《石塘石屋聚落与建筑》一书基于作者十余年的实践研究与理论探索，系统解析了浙江温岭石塘半岛独特的石屋聚落形态与建筑特征。本书从社会、生产、生活三大要素切入，深入探讨移民文化对多元民间信仰的塑造、码头与聚落空间骨架的关系，以及街巷模式、淡水体系等生活智慧；同时结合闽南石构建筑的对比研究，揭示石塘石屋适应台风气候的构造技艺，如石材外墙、平缓屋顶等。书中通过测绘案例与保护实践，展现了聚落肌理形成的内在逻辑及其人居智慧。

　　本书兼具学术性与实践价值，适合建筑学、城乡规划、文化遗产保护等领域的学者、从业者及相关专业学生阅读参考，亦为传统村落保护与更新提供重要借鉴。

石塘石屋聚落与建筑
SHITANG SHIWU JULUO YU JIANZHU
宣建华　田一川　丁钰杰　著

出版发行 中国建设科技出版社有限责任公司
地　　址：北京市西城区白纸坊东街2号院6号楼
邮政编码：100054
经　　销：全国各地新华书店
印　　刷：万卷书坊印刷（天津）有限公司
开　　本：787mm×1092mm　1/16
印　　张：12.5
字　　数：220千字
版　　次：2025年4月第1版
印　　次：2025年4月第1次
定　　价：**148.00元**

前言
FOREWORD

地处温岭的石塘半岛名气很大,因其层层叠叠的石屋而被誉为"东方巴黎圣母院",引来许多美院师生写生。在20世纪和21世纪之交,石塘半岛又因为被称为"中国21世纪第一缕阳光照射地"而名声大噪。

我与石塘石屋结缘是在2009年,当时我接受委托,参与石塘箬山的保护规划工作,对箬山区块的石屋聚落及建筑进行了调研,并完成了保护规划文本的编制。2015年,我接手了石塘箬山里箬村的保护利用规划设计工作,先后进行了保护规划、古建筑修缮、现代民居整治改造、环境整治设计等多项工作,这些工作一直持续到2019年年底才完成。2021年,我获得浙江大学平衡建筑中心的资助,就此开启对石塘人居的研究。虽然过去有了一些规划和建筑方面的调查基础,但对石塘的了解并非全面,于是我决定对石塘聚落和建筑展开全方位研究。首先,对石塘石屋聚落进行深入的调查和研究,希望能够解读其聚落肌理形成的原因,以人居理论为基础,从社会、生产和生活等方面对聚落肌理进行分析;其次,对石塘石屋建筑进行了研究,特别对里箬村的聚落特点和典型建筑进行了测绘和分析。石塘虽然名气很大,但目前针对石塘石屋聚落和建筑的研究还较为缺乏,希望本书能够起到抛砖引玉的作用。

这些年,我往返石塘多少次已经难以计算,对石塘的感情越来越深,一直希望能够把这些年的工作心得进行总结。其间,我先后带领三届本科毕业设计班同学以及数位研究生参与其中,有两位研究生更是以石塘石屋和聚落研究作为硕士论文主题,为本书打下了坚实的基础。在此书付梓之际,我衷心感谢浙江省文物局和浙江省文物考古研究所的有关领导与专家的关心和指导,感谢温岭市农业林业局、温岭市文化遗产保护中心、石塘镇人民政府、里箬村的有关领导和同志的支持和帮助,感谢浙江大学老师和同学的配合与付出,同时也感谢中国建设科技出版社编辑的支持与鼓励。

宣建华

浙江大学建筑系

2024年7月

目录
CONTENTS

第一章　导　言

第一节　研究背景

石塘镇位于浙江省南部温岭市的石塘半岛，石塘半岛原为一座海岛，后因风雨侵袭，土壤流失，海港内的淤泥不断堆积，最终与大陆相连成为半岛，成为东西南三面环海的半岛地貌。明清时期为了防止台风的侵袭和海盗的侵扰，石塘居民就地取材，利用当地传统的石材砌筑房屋，依山而建，形成了极具特色的石屋建筑群。其材料选用、空间构成及营造技术都不同于平原地区传统的建筑做法，具有鲜明的地域特色，是极具历史价值和文化价值的建筑遗产。

在现代化进程飞速发展的今天，石塘镇的石屋建筑开始面临一系列的危机。大多数传统石屋由于满足不了现代生活的需求而空置，继而开始破败，甚至荒废。同时，不少村民对石屋进行了混乱粗糙的改造和加建，极大地破坏了原建筑群整体环境风貌的完整性。所幸的是近年来，国家与当地政府相继出台一系列政策来推进这些传统建筑的保护与更新，越来越多的研究者与社会机构关注石塘石屋建筑，挖掘其代表的风土人情及文化内涵。

自 2012 年中国历史文化名村和浙江省历史文化村落的申报工作开始以来，温岭市已先后编制《温岭市石塘镇总体规划（2011—2020）》《浙江省温岭市石塘半岛旅游总体规划》《温岭市箬山历史文化名镇保护规划》《石塘（箬山）镇石屋保护开发利用规划》《旅游民宿发展专项规划》等促进石塘传统石屋保护与发展的相关规划。[①] 可见温岭市人民政府对传统村落保护开发的重视。

---

① 吴玉明，朱伟军 . 温岭市石屋保护利用现状及建议［J］. 新农村，2017（11）：14-15.

第二节　聚落研究相关理论

一、人居环境理论

20世纪50年代，希腊学者道萨迪亚斯提出了人类聚居学概念，这是一门以包括乡村、集镇、城市等在内的所有人类聚居（Human Settlement）为研究对象的科学。人类聚居学研究人与环境之间的相互关系，倡导从整体性、系统性和动态性的角度来考虑人类聚居问题。在人类聚居学的理论体系中，对于不同要素之间相互关系的研究是重点，有助于揭示人类聚居发展的客观规律，提高人类聚居的质量和生产效率，为构建更加人性化、可持续发展的聚居环境提供理论支撑。同时，人类聚居学也为城市规划、建筑设计、社会政策等领域提供了重要的指导。人类聚居学以更好地掌握人类聚居的客观规律为目的，着重强调从政治、经济、社会、文化、技术等各个方面全面系统地研究人与环境之间的相互关系。道萨迪亚斯认为，人类聚居由人和社会、有形的聚落及周围环境这两部分构成，并进一步划分为人类聚居的五要素，即自然、社会、人类、建筑和支撑系统，强调对于人类聚居学的研究应注重各种要素的相互关系，不能忽略其他无形的要素，而只把注意力聚焦于聚居的有形实体。

20世纪90年代，吴良镛先生在中国科学院技术科学部大会上作题为《我国建设事业的今天和明天》的学术报告，首次提出"人居环境科学"，这一学说继承了道萨迪亚斯的人类聚居学，同样也是以包括乡村、集镇、城市等的人类聚居作为研究对象，着重探讨人与环境之间的相互关系的科学。吴良镛将人居环境从内容上分为五大系统：自然系统、人类系统、社会系统、居住系统、支撑系统（图1-1）。[①]

自然系统是指气候、水土、动植物、地理地形、环境资源、土地利用等；人类系统是指作为个体的聚居者，侧重对物质的需求与人的生理、心理、行为等有关的机制及原理、理论的分析；社会系统是指文化特征、社会关系、社会分化、经济发展等；居住系统是指住宅、社区设施等；支撑系统是指为人类活动提供支持的、服务于聚落，并将聚落联为整体的所有人工和自然的联系系统、技术支持保障系统等。

---

① 吴良镛．人居环境科学导论［M］．北京：中国建筑工业出版社，2001．

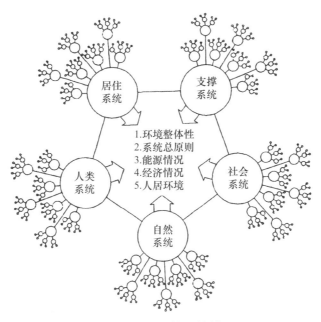

图 1-1　人居环境系统模型

　　人居环境科学和人类聚居学在研究对象和研究方法上有很多相似之处：都是以人类聚居为研究对象，以人与环境之间的关系为研究重点，并探索人类聚居的规律。不同之处在于，人居环境科学将人居环境从内容上分为五大系统，强调了居住系统和支撑系统的重要性。同时，人居环境科学注重探讨人类聚居对人类的影响，研究如何营造健康、舒适、安全的居住环境。人类聚居学则更加全面地研究人类聚居的各个方面，包括政治、经济、社会、文化、技术等，并强调各要素之间的关系。两者的研究方法也有所不同，人居环境科学注重实证研究和数据分析，而人类聚居学则更注重理论研究和历史分析。

　　吴良镛先生的人居环境科学对于本文研究石塘聚落肌理有着深刻的启发。根据其人居环境科学中自然系统、人类系统、社会系统、居住系统、支撑系统这五大系统来分析石塘聚落肌理的要素，可以分为自然要素、人类要素、社会要素、生产要素、生活要素等五个方面。结合人居环境科学与石塘聚落具体情况，将石塘聚落要素归纳为社会要素、生产要素与生活要素三个层面。

二、聚落肌理理论

　　聚落肌理作为聚落空间的一种外在表现形式，同时，它又以聚落的物质空间和实体结构作为基础。国外在这方面的理论研究相对较为丰富。

　　格式塔心理学的"图底关系理论"是国外最著名的聚落肌理相关理论之一。该理论指的是"图形"与"基底"之间的关系，即能够引起视觉注意中心的事物成为"图"，而视觉注意的边缘则成为"底"。将该理论以知觉的选择性作为理论基础，应用在现代城市设计领域中，认为在观察城市中的空间环境时，被知觉选择的部分称为实空间，即"图"，而被知觉模糊的部分则是这一实空间的背景，称为虚空间，即"底"。基于这一理论，可以研究传统聚落中实体与空间之间的规律，探究聚落肌理的特征。

美国学者凯文·林奇在《城市形态》一书中对于城市的纹理（Grain）进行了广泛的描述和探讨。他使用纹理这一概念来描述城市的形态和特征，与城市肌理的概念在一定程度上有所重叠。凯文·林奇认为，城市肌理是由居住密度、纹理组织和交通模式三个要素构成的。这些要素在城市的形态和结构中起着关键的作用，并且相互作用和影响。通过对城市纹理的研究和分析，可以更好地理解城市的肌理和结构，为城市规划和设计提供更加科学和有效的依据。当相似的元素或相似元素的小簇分散在不同元素之间时，其纹理是精细的；当大面积的物体与其他大面积元素相互交错时，纹理变得更加复杂和粗糙。因此，"纹理可以被视为一种明确城市空间特征的方法，城市空间特征常涉及这类的词，如分隔、整合、多样性、纯度、混合使用土地或群集"[1]，凯文·林奇在《城市形态》中强调了纹理在城市空间特征中的关键作用。他认为，当大面积的元素相互间隔时，混合物的纹理就变得粗糙。因此，纹理是明确城市空间特征的重要方式之一，可以体现不同元素之间的联系程度。纹理的形成包括各种建筑形式、活动元素、人类或其他特征。凯文·林奇列出了如居住纹理、活动纹理、密度纹理、控制纹理、小气候纹理和生态系统纹理等几种类型的纹理，他将城市设计的理论成果与城市形态的历史思维相结合，建立了有利于观察和研究城市纹理的组织体系。[2]

在凯文·林奇的另一本著作《城市意象》中，他将组成城市意象的元素归纳为道路、边界、节点、区域和标志物。其中，道路、节点、区域等城市意象元素是城市肌理的主要研究对象。这些研究成果对于本书传统聚落肌理的研究也有重要的借鉴意义。

三、国内对于传统聚落的理论研究

国内建筑学科对于传统聚落的研究主要始于对传统民居的研究。目前国内的民居研究比较注重地域的不同谱系，即历史和特色。自客家学者罗香林提出"民系"概念以来，许多建筑史学家运用这一概念来探讨传统民居建筑的分区。其中陆元鼎、朱光亚等建筑学家以民系为研究基础，将中国民居建筑划分为南方和北方两大体系，并进一步将南方

---

① 王挺.浙江省传统聚落肌理形态初探［D］.杭州：浙江大学，2011.

② 凯文·林奇.城市形态［M］.林庆怡，等译.北京：华夏出版社，2001.

划分为五个风土区系。王文卿教授则根据自然与文化因素对中国风土建筑进行了划分，撰写了《中国传统民居的人文背景区划探讨》①和《中国传统民居构筑形态的自然区划》②两篇文章。这些研究为深入了解中国传统民居的建筑特征和历史背景提供了重要的理论依据。

同济大学的常青院士提出了"风土建筑谱系"这一概念以及相关的系统研究方法，在《我国风土建筑的谱系构成及传承前景概观——基于体系化的标本保存与整体再生目标》③和《风土观与建筑本土化–风土建筑谱系研究纲要》④中，论述了风土建筑谱系的研究背景与方法，并以"语缘"作为纽带对风土建筑进行分区，梳理了国内大部分的风土建筑谱系及分布。这对于本书研究以闽南话作为方言的石塘聚落民居有了较大的启发，并据此在后续研究中横向对比了闽南语系的其他聚落特征。

除此之外，华南理工大学陆元鼎教授根据对传统民居的居住方式、居住行为和居住模式的研究提出了人文、方言、自然条件相结合的研究方法，这一研究方法对于本书研究石塘传统聚落中的生活要素也具有一定的借鉴意义。

20世纪80年代以来，传统民居研究中对于聚落的研究不再局限于单体建筑及其细部，而开始关注聚落群体建筑关系，并关注聚落的形态变化，从宏观、中观和微观层面来研究传统聚落。

王昀在《传统聚落结构中的空间概念》一书中运用了聚落配置图的面积、角度和距离等指标，通过数字化的方式展示了聚落空间的构造，并用多维矩阵图展示世界聚落的多种形态。他将聚落空间中住居的平均面积和住居之间的平均最近距离进行定量模式化，并以此作为基础对世界各类民居进行归类，采用的研究方法对于研究传统聚落肌理具有深刻的启示。

第三节　地域建筑研究相关理论

一、国外相关理论

石材在国外同样也是十分常见的建筑材料。在公元前 7 世纪的古希腊时期，古希腊的民居除屋架之外，均采用石材建造。古希腊的石屋以白色为主，因为当地日照辐射非常强，年日照时间长达 3000 小时，白色有非常好的反光散热功能。①

近年来，住居学开始兴起。在研究方法上，目前绝大多数研究者主要停留在建筑空间层面，大多数对民居其机械外壳的研究已经相当透彻，但遗憾的是，大多数研究者忽视了对居住方式的了解和居住行为本质的研究。"作为硬科学的住宅建筑固然重要，但居住行为、生活方式等软科学的住居学研究也是不可或缺的。"② 这也是住居学的基本观点。住居学的兴起代表了乡土建筑新的研究方向，即强调对乡土建筑中人们的生活方式与文化背景的了解与考察，重视对地域文化环境的深层次探索。

具有代表性的住居学著作是美国建筑与人类学家拉普卜特所著的《宅形与文化》一书。它以人类学和文化地理学的视角，通过大量实例，对人类社会不同种族现存的居住形态和聚居模式进行了跨文化的比较研究，分析了世界各地住宅形态的特征与成因，提出了人类关于宅形选择的命题，并对文化作为住宅形式决定性因素进行了论证。拉普卜特试图从"原始性和风土性中辨识恒常与变易的意义与特征，以反思突进的现代文明在居住形态上的得失，为传统价值观消亡所带来的文化失调和失重寻求慰藉和补偿。"③其思想对 20 世纪后半叶的国际建筑文化思潮产生了重要的推进作用，在国际建筑界内外有着广泛的学术影响，具有很高的学术价值和重要借鉴意义，对我国建筑理论的发展具有非常重要的启迪和指导作用。

另外，西方有不少建筑大师擅长在乡土建筑中寻求建筑灵感。如阿尔瓦·阿尔托是芬兰现代建筑师、人情化建筑理论的倡导者，其设计手法不仅具有独特的个性，也反映了强烈的民族特点。他大力倡导走民族化与人情化的现代建筑道路，北欧的浪漫与古典精神一直贯穿在他的建筑作品之中。此外，还有像西扎这样的建筑大师，长期致力于地方性的建筑表达，十分注重现代设计与历史环境之间的联系。

---

① 绿色房舍：具有浓郁神话色彩的古希腊石屋［J］.中国总会计师，2014（12）：159.

② 胡惠琴.世界住居与居住文化［M］.北京：中国建筑工业出版社，2008.

③ 拉普卜特.宅形与文化［M］.常青，等译.北京：中国建筑工业出版社，2007.

二、国内相关理论

我国的建筑文化有着悠久的发展历史，其中的主流一直是官式建筑的营建。官式建筑以其壮观的气势、巨大的空间和合乎宗法等级的礼制代表了中国建筑的最高水准。与此相对应的是广泛分布在民间的乡土建筑。我国地域辽阔，各个地区之间有着十分不同的地理气候条件和经济文化水平，并由此产生了丰富多样的乡土建筑。

（一）我国乡土建筑研究概况

追溯我国乡土建筑研究百年来的发展史，在 20 世纪的 30—40 年代，以刘敦桢、刘志平为代表的中国营造学社前辈对云南省、四川省等地的民居进行了一系列实地调查，是我国近代乡土建筑研究的开端。刘敦桢所著的《中国住宅概说》[①] 也是中国乡土民居研究的开创性著作。

而对乡土建筑开始较为全面的研究，是在中华人民共和国成立后，主要包括了以下几个不同的发展阶段。20 世纪 50 年代进行了初步的探索，60—70 年代出现过短暂的低潮，而到了 20 世纪 80 年代，乡土建筑的研究则开始真正繁荣和多元起来，逐渐形成系统的探索体系。

1990 年，吴良镛先生在《广义建筑学》一书中，引述了《没有建筑师的建筑》[②] 一书的观点并指出，"乡土建筑的特色是建立在地区的气候、技术、文化以及与此相关联的象征意义的基础上，许多世纪以来，不仅一直存在而且日渐成熟。这些建筑反映了由居民参与的环境综合的改造，本应成为建筑设计理论研究的基本对象。"[③] 1998 年，吴良镛先生又提出了"乡土建筑的现代化，现代建筑的地区化"的主张，这些思想被写进 1999 年的《北京宪章》，表明了中国建筑文化导向的转变。

除了理论思潮的发展，代表乡土建筑研究突出成果的还有一些著作的出版。其中具有代表性的有由陆元鼎主编的《中国民居建筑》[④]、孙大章所著的《中国民居研究》[⑤]、陆元鼎主编的《中国民居建筑丛书》[⑥] 等。这些著作的出版是中华人民共和国成立后乡土地域建筑研究阶段性成果的缩影。

同时，乡土建筑理论的研究越来越强调和注重地域性差异和特征，且研究的内容也

---

① 刘敦桢.中国住宅概说［M］.天津：百花文艺出版社，2004.

② 伯纳德·鲁道夫斯基.没有建筑师的建筑［M］.高军，译.天津：天津大学出版社，2011.

③ 吴良镛.广义建筑学［M］.北京：清华大学出版社，2011.

④ 陆元鼎.中国民居建筑［M］.广州：华南理工大学出版社，2003.

⑤ 孙大章.中国民居研究［M］.北京：中国建筑工业出版社，2004.

⑥ 陆元鼎.中国民居建筑丛书［M］.北京：中国建筑工业出版社，2008.

越来越多元和深入，开始朝着广义化的方向发展。自改革开放以来，国内诸多高校和学术机构开展了全国范围内的乡土建筑研究。研究领域除了建筑学，还涉及文化、民俗、乡土经济、历史、人类学等多个领域。

除了对乡土建筑的理论研究，在建筑设计理念上，建筑师利用现代材料与技术手段，融汇当代建筑创作原则，并自觉寻求与乡土建筑中的设计手法、文化传统相结合，将乡土建筑所体现的建筑哲学运用到现代建筑设计当中。改革开放以来，以乡土建筑为研究对象并作为设计灵感的来源，成为我国建筑界新的潮流。

（二）针对浙江省乡土建筑的研究概况

我国历史悠久，幅员辽阔，乡土建筑遗存丰富。而浙江省作为我国乡土建筑遗产保存最多的省份之一，其乡土建筑不仅数量庞大，而且种类繁多。

从地理上来说，浙江地形自西南向东北呈阶梯状倾斜，西南以山地为主，中部以丘陵为主，东北部是低平的冲积平原。大致可分为浙北平原、浙西丘陵、浙东丘陵、中部金衢盆地、浙南山地、东南沿海平原及滨海岛屿六个地形区。[①] 故在建筑分布上，也大致可以分为三大部分。

浙北地区（杭州、嘉兴、湖州、宁波、绍兴、舟山部分地区以及历史属于浙江的苏州、无锡、常州、上海等地）的平原传统建筑，其白墙黛瓦和屋顶飞檐代表了人们传统认知中的江南水乡建筑形象；浙中浙南（衢州、金华、丽水、台州、温州部分地区）的山地传统建筑，顺应自然，追求风水，讲求血缘，多因同姓宗族而形成聚落。[②] 关于浙江平原和山地传统建筑的研究著述较为丰富，其中较有代表性的著作有中国建筑设计研究院建筑历史研究所主编的《浙江民居》[③]、李秋香等所著的《浙江民居》[④]，另外还有大量相关的学术论文对浙江平原和山地地区的乡土建筑做了相应的研究。

除了浙江平原和山地地区的乡土建筑之外，在浙东沿海地区还广泛分布着极具特色的石屋建筑，是"浙派民居"中不可缺少的一部分。[⑤] 只是在近些年的浙江乡土建筑研究中，大多数研究者还是将视线集中在浙江的平原和山地区域，而对于沿海石屋的研究相对较少关注。

① 周易知.东南沿海地区传统民居斗栱挑檐做法谱系研究［J］.建筑学报，2016（S1）：103-107.

② 杜家烨，包志毅.浙江民居中的地域文化及其成因［J］.建筑与文化，2017（11）：210-211.

③ 中国建筑设计研究院建筑历史研究所.浙江民居［M］.北京：中国建筑工业出版社，2006.

④ 李秋香，等.浙江民居［M］.北京：清华大学出版社，2010.

⑤ 高嵬.浙江传统民居（沿海石屋群）改造与保护探究［J］.建筑与文化，2015（2）：130-131.

第四节 石塘聚落与建筑相关研究

从目前研究现状来看，对石塘镇山海石屋及石屋聚落的多数研究成果主要集中在期刊与学位论文中。陈凯业在《CAS 视角下的温岭石塘镇沿海山地聚落形态及成因探析》中主要对石塘聚落宏观层面的聚落形成与发展原因、规律进行了较为详细的分析和研究。[①] 田一川在《浙江温岭石塘里箬村传统山海石屋研究》中着重分析了石屋建筑空间形态，但主要聚焦于微观层面。[②] 这两篇文章对石塘石屋聚落的研究分别聚焦于宏观层面与微观层面，对于涉及石屋中观层面的聚落肌理的形成与发展规律的研究，尚待进一步地发掘。

除此之外，张帅在《石塘传统民居的材料使用及其成因初探》一文中介绍了石塘石屋建造用材的基本特点，并初步分析了产生其特征的原因，但没有涉及影响石屋建造用材的历史文化因素及影响石屋聚落形态特点的相关研究。[③] 王秀萍、李学在《温岭石塘传统民居的生态理念初探》一文中重点分析了石塘石屋民居"天人合一"的生态理念，但未提及这种生态理念的产生原因。[④] 邱健、胡振宇在《沿海传统建筑的抗台风策略——以浙江省温岭市石塘镇石屋为例》一文中重点介绍了石塘石屋为了抗台风采取的一系列设计措施，但主要集中在石屋建筑本身的选址与用材这两个方面，而对于石屋聚落及聚落空间形态层面的抗台风措施并未涉及。[⑤]

① 陈凯业 .CAS 视角下的温岭石塘镇沿海山地聚落形态及成因探析［D］.杭州：浙江大学，2018.

② 田一川 .浙江温岭石塘里箬村传统山海石屋研究［D］.杭州：浙江大学，2019.

③ 张帅 .石塘传统民居的材料使用及其成因初探［J］.山西建筑，2010（1）：59-60.

④ 王秀萍，李学 .温岭石塘传统民居的生态理念初探［J］.艺术与设计（理论），2010（12）：118-120.

⑤ 邱健，胡振宇 .沿海传统建筑的抗台风策略：以浙江省温岭市石塘镇石屋为例［J］.小城镇建设，2008（3）：98-100.

第二章

石塘镇石屋聚落的形成与发展

第一节　石塘镇历史沿革

石塘旧名"石塘山"，关于"石塘"一名的最早记载可见于南宋《嘉定赤城志》中，"石塘酒坊，在县东南一百里"[①]。而关于石塘的得名，《台州府志》中有这样的记载："塘多泥筑，少石砌者。惟此塘独砌以石，故即以为全岛总称。"[②]"塘"有堤岸、堤防的意思，如河塘、海塘。《庄子·达生》："被发行歌而游于塘下。"[③]"石塘"一词即"以石砌堤"之意。虽然"塘"字意为堤坝，并非传统意义上的建筑，但也可以从侧面反映出，石塘地区将石材作为建造材料已有相当悠久的历史了。

一、宋元至明初

石塘历史最早可以追溯到南宋末年。《台州府志》[②]记载了南宋末年爱国将领陈仁玉抗元失败隐居石塘山的一段历史。南宋德祐二年（1276），元军兵临宋都临安，太皇太后谢道清求和不成，只好抱着 5 岁的宋恭帝，带着南宋皇族出城跪迎，奉表降元。谢太后"诏天下州郡降元"，时居台州郡城临海的陈仁玉却与权知州事的王珏"募兵死守"。兵败后陈仁玉"隐黄岩海中石塘山"，并告诫子孙"世世无仕元"。

另据《金清陈氏族谱序》记载："传三世至处士寿山公，守义不仕元。会至顺时日本不通贡，遣阿剌罕统舟师征之，遇飓风舟坏，弃师平壶岛，大掠海上，边民震慑，处士公由是遣金清居焉。"到陈仁玉孙子一辈时，由于元军的扰略，陈仁玉的子孙从石塘迁往金清。

在元代，今温岭、乐清境内置有松门、湖雾、温岭、石塘巡检司。明朝依其例沿用。

① 陈耆卿.嘉定赤城志［M］.上海：上海古籍出版社，2016.

② 喻长霖，等.台州府志［M］.上海：上海古籍出版社，2015.

③ 庄子.庄子［M］.孙通海，译.北京：中华书局，2007.

明洪武二十年（1387），我国东南沿海开始不断受到倭寇的侵扰。为抵御倭寇的进犯，朱元璋命令江夏侯周德兴在松门一带设置卫所。[①]

在明代论述海防的《筹海图编》[②]第一卷收录的《浙江沿海山沙图》（图 2-1）上，可以看到"松门卫""松门隘""石塘港"等地名。在《郑和航海图》（图 2-2）中，也可以看到"石塘"的图示记录，表明郑和船队曾经过石塘山边。这两幅明代古地图均说明，当时石塘还是海中山，与陆地并不相连。

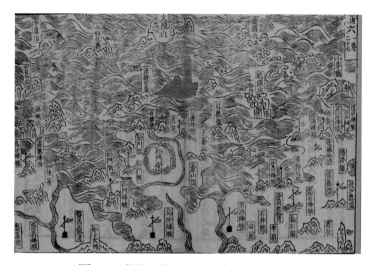

图 2-1 《浙江沿海山沙图》中的石塘山

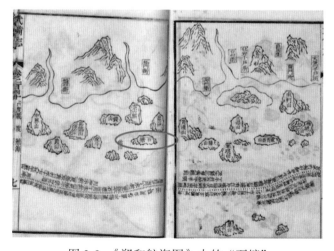

图 2-2 《郑和航海图》中的"石塘"

---

① 李琼，沈晓宁. 崇武古城 [J]. 对外大传播，1999（Z2）：44-45.

② 郑若曾. 筹海图编 [M]. 北京：中华书局，2007.

在元代，巡检司是县级衙门下的基层组织，通常为管辖人烟稀少地方的非常设组织，其功能以军事为主。可见，在元代及明初，石塘还是海中山，与内陆的交通较为不便，石塘作为东南沿海的海防前哨，人口也比较少。

二、明清时期

至明清时期，尤其是到了清代，经济社会的进一步发展，促成了如今石塘镇的雏形。这一时期石塘的发展主要体现在两个方面，一是大量闽南移民迁入石塘，石屋聚落开始形成；二是地形的演变，石塘由原本的海上孤岛逐渐与内陆连为半岛。

有关石塘闽南移民历史的记载，最早可追溯到明代正统年间（1436—1449）。《太平光绪续志》卷二《祠祀》篇有这样的记载："天后宫，在石塘桂岙，以地多桂花，故名。明正统二年，闽人陈姓始居此。其后居民日众，始建小庙以祀天妃。万历中重建大庙，改塑大像。"正统二年为明英宗年间，说明至少500多年前，闽南陈姓族人就已移民石塘桂岙；天妃指的便是闽南一带的妈祖，可见随着闽南移民的足迹，闽南一带的妈祖崇拜也被带到石塘。"始建小庙，万历中重建大庙，改塑大像"则表明到了万历时期，移民人数已具有一定规模了。

清朝初年，为了打击海上郑成功的"残存势力"，清顺治十三年（1656），清政府正式下达"禁海令"，清政府以强制手段割断海内外的一切往来，禁止一切对外贸易活动。

同时，为了镇压沿海一带的抗清运动，清顺治十八年（1661），清政府派户部尚书苏纳海到台州，强迫临海、黄岩、太平、宁海等县沿海30里之内的居民全部内迁，又两次下达"迁海令"，将"山东、江、浙、闽、广滨海人民尽迁入内地，设界防守，片板不许下水，粒货不许越疆"。[1]

于是，石塘、松门及福建惠安等县同时遭到迁弃，原惠安一带的陈氏一族，以及已迁至石塘一带的陈氏族人均移居至内地。沿海一带的房屋尽被焚毁，据史料记载："……放火焚烧，片石不留……毁屋撤墙，民有压死者。至是一望荒芜矣。"[2]

直到清康熙二十二年（1683），海禁才告解除，海疆复安，陈氏一族举族回迁故土福建惠安。在外多年，有些族人返乡后发现已无房屋可以居住，于是"还家无屋可住之族人，相率往台州石塘镇，从事渔捞生产。因一本之亲，讲自强而互助，至今约三百年，有里箬、外箬、董班岙、粟仓岙、贵岙诸聚落。世代操闽南乡音，示不忘本"。与陈氏

① 夏琳.闽海纪要［M］.福州：福建人民出版社，2008.
② 顾诚.南明史［M］.北京：光明日报出版社，2011.

同来的还有朱、郭、胡、黄等姓氏渔民。

到了清乾隆六十年（1795），清政府"将营汛之地新置石塘庄，今境方位为石塘镇、箬山镇、苍岙乡、车关乡、钓浜乡，以及交陈乡、上马乡大部"[①]。将原属于玉环厅的石塘划归太平县（今温岭市旧称）管辖，形成了今日石塘镇行政区划的雏形。

大量闽南移民的到来，使得石塘的人口快速增长。到了清嘉庆二年（1797）时，"山中居民数百家，本地人民不过十之二三，余皆闽人寄籍种"[②]。可见石塘人口已颇具规模，达到"数百家"之多，且闽南移民及其后代占石塘总人口的比重达到了"十之七八"。

在这一时期，石塘的地理形态也在发生变化。《满汉名臣传》记录了石塘地形的变化，"嘉庆二年二月，闽浙总督完颜魁伦偕巡抚吉庆奏酌改墺岛管辖及海疆营制，以温州府洋面石塘、狗洞门、石板殿等山墺距太平县（今温岭）所辖之松门汛仅十余里，中隔小港，潮落时旱路可通"[②]。可见，到了清嘉庆二年（1797）时，石塘与松门的交通已是"潮落时旱路可通"了。

至清嘉庆九年（1804），松门娘娘宫的和尚与当地绅士商议，为解决松门、石塘两地需渡海而至、潮退不得归的交通不便问题，从南闸至南塘头，铺了一条五六里长的砂路。

到了清同治十三年（1874），当时的太平县知县唐济在旧砂路上，叫人叠石尺余，并在上面铺上石板，筑了避潮台，方便行人通行，从此，石塘与内陆连成一片，形成如今的半岛形态。

三、民国时期至今

石塘在民国时期设镇，属松门区。1948年与箬山合并为石箬乡。中华人民共和国成立后与箬山分离，石塘镇成为区政府所在地。1956年撤销石塘区，改属松门区。1958年改为石塘营，属松门人民公社。1959年复改为石塘镇。在1992年的撤区扩镇并乡中，把原石塘镇、车关乡和上马乡的金星、盐南、盐北、后沙并成新石塘镇。2001年，温岭市城镇体系调整，原石塘、箬山、钓浜三镇合一，即现在的石塘镇（图2-3）。

---

① 温岭县志编纂委员会. 温岭县志［M］. 杭州：浙江人民出版社，1992.
② 吴忠匡. 满汉名臣传［M］. 哈尔滨：黑龙江人民出版社，1991.

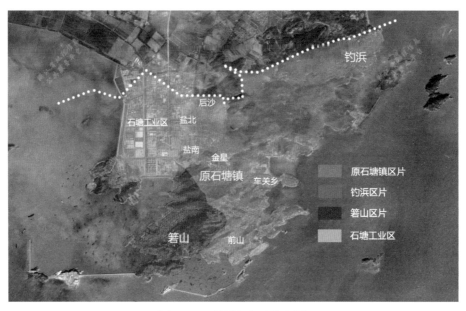

图 2-3 石塘镇政区分布图

中华人民共和国成立以后，石塘半岛的地形轮廓继续发生改变。根据中华人民共和国成立后不同时期的卫星影像图，对比各时期海岸轮廓线，可以看出，经过填海造陆，石塘半岛陆地面积持续扩张，一些小型海湾被填成陆地。尤其是 20 世纪 60 年代与 70 年代，半岛西北部有大片海洋成为陆地，成为现石塘工业区所在地（图 2-4）。

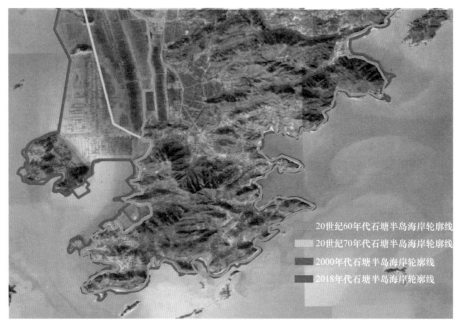

图 2-4 中华人民共和国成立后各时期石塘半岛海岸轮廓线对比

第二节　聚落形成的影响因素

"宅形不能被简单地归结为物质影响力的结果，也不是任何单一要素所能决定的；它是一系列'社会文化因素'作用的产物"[1]。石塘镇石屋聚落在其发展历程中，受到了物质因素及社会文化因素的双重影响。

一、物质因素

物质因素指的是人类社会的物质生活赖以存在和发展的自然环境中的各种自然条件。自然条件即不以人的意志为转移的客观条件，主要包括一定社会所处的地理位置，以及由此而来的资源、气候等因素。[2]

影响石塘镇石屋聚落形成的物质因素主要有地质和气候条件两个方面。台风和海风所带来的降水含有大量的盐碱，导致石塘地区土壤呈现砂性和碱性，这样的土壤并不适合烧制砖材。同时，石塘一带蕴含丰富的矿石资源，在石塘镇苍岱村等地建有大型采石场，这就为石屋的建造提供了大量的原材料。[3]

石塘镇属海洋性季风气候，季节分配不均。冬季温暖干燥，1 月沿海平均气温 7~10℃，夏季炎热多雨，平均气温 20~39℃。7—9 月常有台风侵袭，对建筑物危害非常大。从全球台风总数百分率的区域分布图可以看到，以西北太平洋海区为最多（占 36% 以上），此区域内形成的台风，对我国东南沿海一带的浙江、福建、广东和海南等地影响很大。

据统计，1949—2013 年，登陆中国大陆地区达到 50 米 / 秒或以上强度的台风，一共有 7 个。其中半数以上（4/7）在浙江登陆，比例高达 57.1%。这是因为登陆广东和海南的台风多为南海上的台风，由于南海的空间相比西北太平洋小得多，发展的空间有限，因而达到很强级别的台风相对要少一些。而西北太平洋的台风，登陆我国福建时，通常先登陆我国台湾岛，这样强度就会大为减弱，很少超过 50 米 / 秒。但从西北太平洋上登陆我国大陆的强台风，不经损耗，多是直奔浙江。[4] 可以说，我国东南沿海诸省中的浙江是世界上受台风影响最为严重的地区之一。里箬位于浙江东部沿海，故在其传统山海石屋的设计营建中，建筑的抗风性要求较其他地区更高。

① 拉普卜特. 宅形与文化［M］. 常青，等译. 北京：中国建筑工业出版社，2007.

② 孙国华. 中华法学大辞典：法理学卷［M］. 北京：中国检察出版社，1997.

③ 张帅. 石塘传统民居的材料使用及其成因初探［J］. 山西建筑，2010（1）：59-60.

④ 统计资料来自中国天气台风网。

因此，与地质条件相比，气候条件对石屋聚落产生了更为重要的影响，主要体现在以下三个方面。

（一）气候条件对聚落选址的影响

在一个山地区域中，按所受风向来划分可以分为迎风区、顺风区、背风区、涡风区、高压风区、越山风区几个区域（图 2-5），经过科学分析，其中涡风区和背风区风速最小，并且风向上有倒卷涡流，不利于风的扩散。[①] 所以沿海聚落选址在背风区和涡风区，有利于降低台风天气的影响。

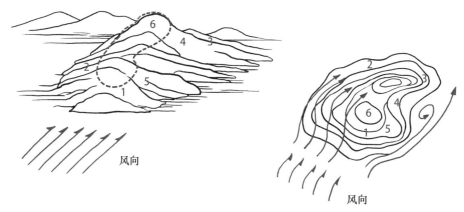

图 2-5 山体区域划分

1—迎风区；2—顺风区；3—背风区；4—涡风区；5—高压风区；6—越山风区

石塘镇夏秋两季盛行东南向的台风天气，在这种气候条件之下，石塘镇村落选址多在涡风区和背风区。

（二）气候条件对建筑选材的影响

石塘镇地处沿海季风带，每年的夏秋季节是台风多发时节。在这样的气候条件下，单纯的木结构并不能有效地抵挡强台风的侵袭，并且木材直接暴露在多雨潮湿的气候环境中容易腐烂，因此，石塘镇的居民选择石材作为建筑外部围护材料，用以抵挡强台风，以及保护建筑内部的木结构，长期沿用下来。

（三）气候条件对聚落布局及建筑形态的影响

经过实地调研发现，石塘镇建筑密度较大，石屋建筑之间间隔较小（图 2-6）。这

---

① 卢济威，王海松. 山地建筑设计［M］. 北京：中国建筑工业出版社，2001.

种较为集中的布局特点，有利于减弱风力对建筑的影响。[1]

同时，研究发现，坡屋顶为 25°~30° 时可使得抗风性最强。[2] 据统计，石塘镇石屋屋面坡度基本在 27° 左右，符合力学原理。[3] 另外，石塘镇居民还在屋面上放置块石，防止屋顶被强台风掀开（图 2-7）。

图 2-6　较大的建筑密度　　　　　　　图 2-7　屋顶上放置的块石

二、社会文化因素

社会是以一定的物质生产互动为基础而相互联系的人类生活共同体。[4] 文化是人在社会历史事件过程中所创造的物质财富和精神财富的总和。[5] 而社会文化因素，即在由物质财富与精神财富共同组成的特定社会形态下，形成的生产关系、经济结构、价值观念、宗教信仰、道德规范、审美观念，以及世代相传的风俗习惯等被社会所公认的各种行为规范。

各时期不同的社会发展水平下的社会文化因子对石塘镇石屋建筑产生了不同程度的影响。以下将主要从产业兴盛、民间信仰两个方面来论述其影响。

（一）产业兴盛的影响

石塘镇周边海域的渔业资源极为丰富，自清朝开始，石塘镇便是以捕鱼为主要产业的渔村集镇。

---

① 邱健，胡振宇.沿海传统建筑的抗台风策略：以浙江省温岭市石塘镇石屋为例［J］.小城镇建设，2008（3）：98-100.

② 高广华，曹中，何韵，等.我国南方海岛传统建筑气候适应性应对策略探析［J］.南方建筑，2016（1）：60-64.

③ 王秀萍，李学.温岭石塘传统民居的生态理念初探［J］.艺术与设计（理论），2010（12）：118-120.

④ 夏征农.辞海：1999 年缩印本［M］.上海：上海辞书出版社，2000.

⑤ 中国社会科学院语言研究所词典编辑室.现代汉语词典［M］.7 版.北京：商务印书馆，2016.

兴盛的渔业生产带来了经济上的繁荣。据《嘉靖太平县志·食货志》记载："太平无富商巨贾巧工，民不越乎以农桑为业。间有巨贾者，盐利大，鱼次之，已而商次之，工又次之。"可见，在明朝时期，渔业生产便是仅次于盐业生产的暴利行业。渔业兴盛给石塘人带来了一定的财富积累，为石屋建筑的发展奠定了经济基础。渔业的兴盛使得当地的居民有了从外地购买材料来修建建筑的经济实力。

随着经济的发展与产业的兴盛，商铺应运而生。商铺多由沿街住宅改造而来。在交易需求的推动下，人们对原建筑进行了有目的的改造。原建筑为了防风所采用的小尺寸窗洞设计已无法满足交易的需要，人们便将沿街面的外窗窗洞扩大，并采用了可拆卸式木板，白天拆卸可形成开敞的交易窗口，一到夜晚，则闭合木板关店息客。二楼作为居住空间，供店家休息（图2-8、图2-9）。

这样的设计极大地方便了交易，但建筑的抗风性依旧需要考虑，故商铺一般都位于聚落腹地处，受台风影响相对较小，且数量相对有限。[①] 可见，商铺这种功能空间形式的出现是产业发展的结果，同时也受到了自然环境的制约。

图2-8　扩大的外窗窗洞

图2-9　石塘老街街景

（二）民间信仰的影响

民间信仰是指在民间流行的，对某种精神观念、有形物体信奉敬仰的心理和行为。[②] 民间信仰虽然和宗教关系密切，但有所不同，它并没有明确的传人、严格的教义和严密的组织，它更多强调自我信仰，它的思想基础是万物有灵论。[③]

据统计，石塘镇56个渔业村中有民间信仰场所118处，平均每个村子2.11处；从

---

① 陈凯业.CAS视角下的温岭石塘镇沿海山地聚落形态及成因探析［D］.杭州：浙江大学，2018.

② 林国平.关于中国民间信仰研究的几个问题［J］.民俗研究，2007（1）：5-15.

③ 乌丙安.中国民间信仰［M］.上海：上海人民出版社，1996.

地域密度上看，平均约每 0.23 平方千米一处；人口上来算，平均 480 人便有一所，[①] 可见石塘镇民间信仰之繁盛。据笔者实地调查走访发现，石塘镇的民间信仰具有两点明显的特征，一是带有强烈的海洋崇拜色彩，二是受到闽南文化的巨大影响。

丰富的海洋资源是石塘镇居民生存的保障，在带来大量物质财富的同时也带来了狂风巨浪等自然灾害。靠海吃海的生产方式诞生了海洋崇拜，其目的便是祈求风调雨顺，保佑出航的渔民能够平安归来。

带有强烈海洋因子的海洋崇拜影响了当地海洋神庙的选址。曾有研究学者对石塘地区宗教场所的分布做过统计，如天后宫（妈祖庙）和禹王庙（大禹庙）大多靠海而建。再纵观海洋神庙的整个发展周期，这种近海而建的选址特征一直存在。[②]

以始建于清朝的桂岙村天后宫为例，天后宫近海而建（图 2-10），为四合院形式，由山门、戏台、厢房和正殿组成。外墙由花岗岩堆砌而成，窗洞为八角形，墙体转角处及上方檐口和窗楣均使用了胭脂砖的装饰（图 2-11）。

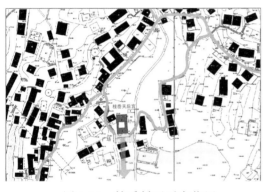

图 2-10　桂岙村天后宫位置

图 2-11　桂岙村天后宫

有研究学者选取石塘镇沿海范围内的 25 处信仰场所进行统计，分别有海洋神庙 14 处、祠庙 7 处、基督教堂 4 处。在这 14 处海洋神庙中，妈祖庙和禹王庙共有 11 处。[②] 可见，在石塘镇的海洋神庙中，天后宫与禹王庙最受人们推崇。

禹王庙是为纪念大禹治水而建的庙宇。大禹的故事在流传过程中，其形象不断被神格化，大禹逐渐从传说中的人物过渡成了具有现实法力的水神神祇，在水事活动中，具有保护神的地位。在石塘一带，大禹极受人们的尊崇。

妈祖则是以中国东南沿海为中心的海神信仰，又称天上圣母、天后、天后娘娘、天妃、

① 数据系《石塘民间海洋信仰调查与研究》课题组成员调查所得。参与实地调查人员有：高飞、孟令国、林智理、王鹏任、单华峰、杨倩倩、梁晨瑜、陈佳怡、张伟斌、林涛、张铭颖等。
② 陈凯业 .CAS 视角下的温岭石塘镇沿海山地聚落形态及成因探析［D］. 杭州：浙江大学，2018.

天妃娘娘、湄洲娘妈等（图2-12）。妈祖信仰最初起源于福建莆田湄洲岛（图2-13）。后来逐渐传播至闽台各地，成为闽台人民的主要信仰。[①]

图 2-12　箬山妈祖像　　　　　　　图 2-13　福建莆田港里天后祖祠

妈祖信仰产生在特殊的社会环境之下，与海洋渔业生产及其海事活动密切相关。渔民因海难而亡者不可计数，所以人们希望有海上守护神庇佑安全，而妈祖正好适应了人们的希求。明朝中叶，闽南陈氏一族来到石塘一带，"始建小庙以祀天妃"，为石塘妈祖文化传承之始。

自清康熙年间解除海禁以来，大量闽南移民迁移至石塘。故基于移民性的闽南文化在石塘地区得到发展，为形成如今石塘镇繁盛多元的民间信仰奠定了基础。

第三节　石屋聚落分布和分类

一、石屋聚落的分布

根据石塘镇原行政区划可以把石塘镇分为箬山区片、原石塘镇区片、钓浜区片与工业区四个区域。本节将分别从箬山区片、原石塘镇区片、钓浜区片三个区域来分析石塘镇石屋聚落分布的空间特征（由于工业区为20世纪70年代后填海造陆所建，故不纳入讨论范围）。

（一）箬山区片

箬山区片即原箬山镇所在区域，位于石塘半岛西南部。根据20世纪60年代的影像图（图2-14），从整体上来看，20世纪60年代箬山除了三处聚落分布较为集中的区域（红

---

① 陈国强，周立方.妈祖信仰的民俗学调查［J］.厦门大学学报（哲学社会科学版），1990（1）：103-107.

色部分）之外，在其他区域上，聚落数量并不多，且分布较为零散；而这三处聚落分布集中的区域有两个明显的特征，一是位于山体的背风区，二是分布在靠海且地势较平缓的区域。这样的布局特征既方便了渔业的生产，又有利于抵御台风的侵袭。

图 2-14　箬山区片聚落

（二）原石塘镇区片

原石塘镇区片为石塘、箬山、钓浜三镇合一前的石塘镇，根据原聚落分布形态的不同，将原石塘镇区片分为盐南、金星、车关乡一带与前山两个区域来分析。

1. 盐南、金星、车关乡一带

20 世纪 60 年代盐南、金星、车关乡一带分布的聚落数量较少，且分布也较为零散。根据影像图（图 2-15），此区域地势平缓，面积也较大，但在早期并未形成大面积的聚落组团，据推测，其原因应是东南侧无高海拔的山体来对东南方向的台风进行阻挡。可见当时，台风对聚落选址的制约与影响较大。

图 2-15　盐南、金星、车关乡一带聚落

2. 前山

前山一带的石屋聚落空间特征与箬山区片极为类似（图 2-16）。20 世纪 60 年代之

前的聚落主要集中分布在两处（红色部分），这两处聚落组团也均位于山体的背风区，并靠海分布。

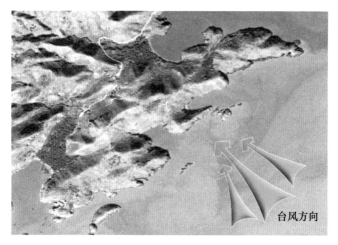

图 2-16　前山一带聚落

（三）钓浜区片

与箬山、前山的聚落分布较为类似，20 世纪 60 年代之前钓浜区片的聚落主要分布在南部丘陵地带（图 2-17），并集中分布在两个区域（红色部分）。其北侧面积较大的平缓区域与盐南、金星、车关乡一带类似，也未形成大面积的聚落组团。这同样说明了在早期形成聚落的过程中，台风的威胁极大地影响了聚落的选址。

图 2-17　钓浜区片聚落

二、石屋聚落的分类

关于聚落的分类，学术界难以建立统一的分类体系。在建筑学范畴内，主要按照聚落所处地理环境、聚落的性质、聚落的形态来进行分类。

按照地理环境来说，石塘镇石屋聚落大多属于以渔业生产为主的沿海山地聚落，各聚落性质上差别较小。而根据石塘镇的闽南移民历史，石塘镇聚落又可以认为是一种"移民聚落"，即"聚落中相关人群，有相当规模的部分随时间和空间产生了变化"。[①] 而石塘镇石屋聚落经过长时间发展，多数聚落有明显的交融现象，所处的政治结构、社会结构、经济结构不断塑造聚落的形态及结构。本节将从聚落所处的地理环境来进行分类，从而探究石塘镇石屋聚落分布的空间特征。

有研究学者曾对石塘镇箬山与前山一带，即半岛南部的石屋聚落分布做过统计。发现石塘镇石屋聚落区域的地形差异主要体现在高程、坡度及坡向三个方面。[②]

据统计，石塘镇多数聚落位于15~37米的高程范围内，少数在 –0.4~15 米与 37~61 米之间；从坡度上来看，大多数聚落所处区域的坡度较缓，在 3°~25° 之间，少数位于山岙高处的聚落所处坡度在 25°~50° 之间；而聚落所处坡向则多在山岙背风区。石塘镇台风为东南方向，所以为了减弱强台风的影响，聚落大多处在山岙背风区，也就是山岙的西北坡。其中，也有一些规模较小的聚落迎风而建。

根据所处区域不同的高程、坡度及坡向，可将石塘镇石屋聚落分为山岙群聚型聚落、海湾型聚落、山地半坡型聚落三种类型。现以石塘镇箬山与前山一带的聚落为例，分析各类型聚落的空间特征。

（一）山岙群聚型聚落

山岙群聚型聚落一般由 6~7 个村落组成，在石塘镇主要以箬山历史风貌聚落（包括东山村、东湖村、兴建村、胜海村、东海村和东兴村）与石塘老街聚落（包括海滨村、中心村、东角头村、新东村、中山村、新新村和前进村）为代表（图 2-18）。

山岙群聚型聚落一般规模较大，组成的各个村落互相依附。所处区域的高程较为适中，多在 15~37 米之间，[②]并位于山间缓坡处，坡度也较为适中。建筑多顺应山岙等高线高低错落布局。聚落的尽端多与海湾相连，这样方便渔业生产，同时，临水一面留出一片滩地称为"缓冲地带"，其主要作用是防止涨潮时被淹。

① 周彝馨. 移民聚落空间形态适应性研究：以西江流域高要地区"八卦"形态聚落为例［M］. 北京：中国建筑工业出版社，2014.
② 陈凯业. CAS 视角下的温岭石塘镇沿海山地聚落形态及成因探析［D］. 杭州：浙江大学，2018.

图 2-18 山岱群聚型聚落分布

台风来自东南方向。由于两处聚落均位于山岱背风区，且箬山历史风貌聚落所处山岱为东西走向，石塘老街聚落所处山岱为东北至西南的走向，故均是极佳的避风区域。[①]

浙江乡土聚落的一个显著特点便是"环农业"特征，聚落选址以近地、靠水、不与农业争地为原则。同时，在沿海地区避风条件好、出海条件好的地方，聚落就大一些、密集一些，多形成"集合附岩式"的聚落。[②] 可见石塘镇的聚落分布与浙江其他地区呈现出类似的特征，均是出于抗风和生产的考虑。

（二）海湾型聚落

海湾型聚落多由三个以内的村落组成，在石塘镇主要有新红村聚落（包括新红村、新进村、新峰村）、环海村聚落（包括环海村、粗沙头村）、里箬村、花岱村、小沙头村五处（图 2-19）。

海湾型聚落规模较为适中，多位于靠海的平缓坡地处，建筑顺应海岸线分布，并逐渐往山岱高处展开。所处区域高程较低，高程范围在 –0.4~37 米之间。[③] 其中，多数海湾型聚落都处在山岱的西北侧，以减弱台风的影响，而少数东南方向无山体阻挡的海湾型聚落（如小沙头村），因处于低海拔区，可以通过东南方的小型岛屿来削弱台风风力。因此，海湾型聚落处的海湾也多作为石塘船只停靠的避风港。

① 戴志坚 . 福建民居［M］. 北京：中国建筑工业出版社，2009.

② 丁俊清，杨新平 . 浙江民居［M］. 北京：中国建筑工业出版社，2009.

③ 陈凯业 . CAS 视角下的温岭石塘镇沿海山地聚落形态及成因探析［D］. 杭州：浙江大学，2018.

图 2-19 海湾型聚落分布

（三）山地半坡型聚落

山地半坡型聚落多由一个独立的村落构成，为散点式分布，村与村之间彼此隔开。在石塘镇主要有前红村前山聚落、前红村后山聚落、流水坑村聚落、桂岙村聚落、水仙岙村聚落（图 2-20）。

图 2-20 山地半坡型聚落分布

山地半坡型聚落的规模较小，聚落整体朝南。所处区域高程较大，多在 61~83 米之间。[①] 坡度在 10°~50°之间，并离海平面有一定的距离。因此，渔业生产不具有便利性，却具有较好的视野景观与采光条件。

---

① 陈凯业 .CAS 视角下的温岭石塘镇沿海山地聚落形态及成因探析［D］. 杭州：浙江大学，2018.

因为宏观上是南向的聚落布局，山地半坡型聚落中的建筑多利用山体微地形来削弱台风的影响。

总体来说，山岱群聚型聚落的地理条件较为适中，拥有最大的聚落规模和最大的聚落密度。海湾型聚落整体靠海，方便了渔业生产，同时也拥有了更为便利的海上交通条件。石塘地区淡水资源较为匮乏，便利的海上交通条件有利于淡水资源的获取。但海湾型聚落高程较小，因石塘镇海水潮差较大[①]，高程过低容易受到海水咸潮的影响。山地半坡型聚落则高程较高，高程高往往意味着较大的山体坡度。离海平面较远则意味着渔业生产与海上交通的不便，同时建筑随形就势，分布较为自由，聚落的规模也普遍较小。

① 陈桥驿 . 浙江地理简志［M］. 杭州：浙江人民出版社，1985.

第三章

石塘石屋聚落肌理的社会要素

吴良镛先生认为人居环境是人与人共处的居住环境，既是人类聚居的地域，又是人群活动的场所。在这个环境中，社会因素扮演着非常重要的角色，包括地域文化、民俗传统、民间信仰等。这些社会要素与人们在聚落中的行为和活动密不可分，与聚落肌理紧密相关，也是聚落肌理的重要因素。不同的地域文化、民俗传统、民间信仰会导致不同的建筑样式和布局，影响建筑空间的功能和用途，形成聚落中一些特殊的空间和场所，进而形成不同的聚落肌理。了解这些社会要素对于研究聚落肌理和人居环境非常重要。

石塘拥有独特的地域文化、民俗传统和民间信仰，与石塘聚落息息相关。而各种社会要素在石塘聚落的空间表现中则主要集中于民间信仰场所。

第一节　石塘社会要素概况

一、地域文化

石塘文化具有浓厚的移民文化色彩。石塘古代为海岛，史载古时"石塘离松门十余里，孤悬海中"。早在唐宋时期已有渔民在此居住，明代开始，福建惠安的移民陆续迁入，《光绪太平续志》载："明正统三年，闽人陈姓始居于此。"闽南移民将以妈祖信仰为代表的闽南民间信仰文化带入石塘。在清康熙年间解除海禁后至民国末年，闽南移民数量逐渐增多。据《琅玕陈氏族谱》记载，公元 14 世纪，始祖陈安动避乱来闽，定居福建惠安县安云铺头乡，有子七，于今将七百年，传廿二世，自然形成为一宗族，聚居于东湖、安头、大柘者众，世称三乡陈氏。除了闽南移民聚族迁入，还有少数台州移民零散迁入石塘，闽南文化与浙江沿海文化在此不断交融。与浙江其他沿海区域，如舟山群岛、温州沿海相比，石塘具有其独特且较强烈的移民性文化。

二、民俗传统

受移民文化的影响，石塘形成了众多独特的民俗传统，大部分民俗源于闽南，在石塘得到传承与发展，发展至今已成为富有石塘地域特色的独一无二的民俗传统，如大奏鼓、七夕小人节等。

（一）大奏鼓

大奏鼓是一种源自福建惠安地区，流传于石塘镇箬山地区的民间乐舞，其历史可以追溯到三百多年前。根据福建《惠安县志》和《琅玕陈氏宗谱》的记载，17世纪中叶，箬山陈姓由惠安迁入，并带来了这种舞蹈（当时称为"大典鼓"）。由于箬山地处偏僻，大奏鼓才得以流传并保留至今。

大奏鼓是一种融合了福建惠安和台州本土音乐特色的民间乐舞，具有独特的表演形式和深厚的文化内涵。在表演中，男子手持各种乐器，如大鼓、铜钹、唢呐、铜锣和木鱼等，边奏边舞。同时，大奏鼓蕴含了道教文化和巫文化的影响，具有一定的艺术价值和地域文化研究价值（图3-1）。大奏鼓最初的表演服装为闽南惠安女的打扮；后改成如今的上穿深蓝色短袄，下穿黄色裤子，头戴黑色羊角帽。[①]大奏鼓的表演形式可以分为两种：一种是在庆典或特定节日于固定场地表演；另一种是在元宵节时跟随踩街队伍游街表演。节日庆典表演在固定场地进行，如庙宇戏台、广场、海滩等；游街表演则主要在街巷中进行。

图3-1　石塘大奏鼓表演

大奏鼓初期是一种敬神娱神的活动，主要有以下三种社会功能：一是渔民出海前表演大奏鼓来祈求妈祖、龙王等神灵，保佑渔民在海上平安；二是过去人们认为打鼓

① 温岭市档案局.大奏鼓［J］.浙江档案，2010（11）：42-43.

赤脚跳禹步能够驱散疾病与妖邪；三是动作诙谐幽默的大奏鼓表演是渔民空闲生活的娱乐活动。①

（二）七夕小人节

石塘箬山还有一种极具特色的七夕传统习俗称为七夕小人节，主要流传于福建惠安移民后裔聚居的村落，至今，七夕小人节节庆传统依旧流传于石塘闽南话群体。七夕小人节习俗传承主要以家庭为单位，在每年农历七月初七，一家人为1~16岁的小孩子举行特定仪式，俗称"做七月七"。主要是祈祝七娘妈来祈福保生，七娘妈是儿童与少年的保护神，在七月初七祭拜七娘妈，可以保佑孩子健康平安。七夕小人节的仪式中，彩亭、彩轿和七娘妈座是关键的祭祀用品（图3-2）。②

（三）扛台阁

扛台阁是石塘箬山渔民元宵庆典的主题曲，以前均是将八仙桌翻过来，四脚扎个顶篷，由青壮年男子用竹棍扛起，渔村的艺人用彩灯、彩带，鲜花等把台阁扮得花轿似的，十分艳丽，成为一个漂亮的小戏台。上面挂着雪亮的汽灯，布置相应的戏剧场景，里面有几个长相俊俏的小孩子，化妆成诸如《楼台会》《霸王别姬》《三打白骨精》《哪吒闹海》等戏剧造型，由十几个年轻力壮、热心文娱活动的渔民抬着，紧跟着锣鼓和火把，随着浩浩荡荡的游街队伍走街串巷，遍游各村（图3-3）。

图3-2　小人节彩亭

图3-3　箬山扛台阁

① 陈思羽.温岭箬山大奏鼓初探［J］.大众文艺，2017（11）：45-46.
② 张诗扬，屈啸宇，刘子怡，等.地方节庆类民俗在"后非遗"时代的演变与发展：以石塘小人节为例［J］.北方文学，2018（3）：169-171.

三、民间信仰

温岭石塘地区独特的自然地理环境和移民文化为石塘带来了多元交融的民间信仰文化，其民间信仰可以归为五类：妈祖信仰、道教信仰、宗祠信仰、佛教信仰及基督教信仰。对比浙江沿海其他区域，例如，靠近福建的温州沿海，人们主要信仰东瓯王、忠靖王等具有瓯越文化特色的偶像；位于浙东沿海的舟山群岛，则主要信奉龙王与观音；而妈祖则是三地共同信仰的海洋神。

（一）妈祖信仰

妈祖是石塘地区最主流的民间信仰，以中国东南沿海为中心，最早发源于福建湄洲岛，始于北宋年间。妈祖信仰主要由闽南移民传播到石塘地区，《光绪太平续志》记载："天后宫，在石塘桂岙，以地多桂花，故名。明正统二年，闽人陈姓始居此。其后居民日众，始建小庙以祀天妃。万历中重建大庙，改塑大像。"[①]因此石塘的民间信仰具有明显的移民特征。石塘地区居民以渔业为生，人们需要祈祷妈祖庇佑海上安全，天后宫、妈祖庙成为石塘地区重要民间信仰场所。

（二）道教信仰

道教是石塘地区除了妈祖信仰以外最主流的民间信仰之一（本书将妈祖庙单独分为一类，因此文中所提的道庙不包括妈祖庙）。妈祖、大禹、关公、三清、财神、土地爷多以宫、庙为名。其中擅长治水的大禹是极受石塘渔民尊崇的神灵之一，因此在石塘分布着数量众多且规模不等的禹王庙。

（三）宗祠信仰

石塘早期居民多为闽南移民，且都是同姓氏移民聚居，因此宗祠成为维系氏族关系的重要场所，宗祠信仰也是石塘居民重要的信仰之一。祠庙是宗亲关系与生活相结合的结果，这些庙宇所在村均有与神主同姓的村民聚居，他们以该神主为祖先，这些庙宇由宗族祠庙演变而来。[②]

（四）佛教信仰

佛教作为中国的主流传统宗教之一，在石塘地区也具有较深的影响力。佛教多以观音、释迦牟尼为主神，但同样供奉道教诸神，为民间信仰场所。

---

① 太平县地方志编纂委员会.光绪太平续志［M］.北京：中华书局，1997.

② 孟令国，高飞.结构、功能、冲突：社会学视野中的民间信仰场所：以温岭石塘为例［J］.淮北煤炭师范学院学报（哲学社会科学版），2010（5）：89-93.

（五）基督教信仰

基督教是在 20 世纪 80—90 年代传入石塘地区的，因其严格的教义，快速吸引了大量信徒。[①] 石塘地区基督教堂建成时间较晚，体量较大，在建筑群中格外显眼。

四、聚落中信仰的选择

温岭一带素有无庙不成村之说，庙宇几乎是每个村落的核心，也是村落举行庙会、唱戏、民俗表演等活动的中心。据调查统计，石塘 56 个渔业村中，民间信仰场所多达 118 处，平均每村 2.11 处；从地域密度看，大约每 0.23 平方千米一所。[②] 一个聚落中可以同时存在多种民间信仰，但综合各种不同的原因，每个聚落会主要信奉一种信仰，并以该信仰的庙宇作为聚落的主要信仰场所。聚落对主要信仰场所的选择，大致可以归为以下几个原因。

（一）移民文化的影响

自清康熙年间解除海禁之后，大量的闽南移民迁移至石塘，石塘移民中的两大姓氏——陈姓和郭姓，即来自闽南惠安。高飞、孟令国在《石塘民间信仰文化特色论析》一文中统计石塘共有 85 个有名称的信仰场所，其中妈祖庙（又称天后宫）便有 26 个。因此在闽南沿海移民文化影响下，妈祖信仰在民间信仰中居于突出的地位。

除此之外，石塘的民间信仰丰富多元离不开台州本土移民文化的影响，闽越族自古"好巫尚鬼"，民众"信鬼神，重淫祀"。[③]《嘉定赤城志》载："州之神祠错峙纷出，以其脔一时之民，而庙千里之食，岂曰无之"[④]，可见自古以来台州本土的民间信仰也十分繁盛。

（二）海洋文化的影响

石塘地区居民靠海为生，渔业是其最重要的生产方式，深受海洋文化的影响。例如，渔民极其重视出海的日子，据记载，福建沿海古代渔民"每年春节过后，第一次出海要占卜择日，一般是到妈祖庙（又称天后宫）进香，求问时机良辰，由神意定夺出海佳期"[⑤]，

① 陈凯业，王洁.温岭石塘镇聚落社会性构造与信仰场所空间构造的关联性探索［J］.建筑与文化，2018（9）：177-178.
② 高飞，孟令国.石塘民间信仰文化特色论析［J］.社会科学战线，2009（6）：162-167.
③ 班固.汉书［M］.北京：中华书局，1962.
④ 陈耆卿.嘉定赤城志［M］.上海：上海古籍出版社，2016.
⑤ 王荣国.明清时期海神信仰与海洋渔业的关系［J］.厦门大学学报（哲学社会科学版），2000（3）：130-135.

"渔民不仅在岛上建天后宫供祀天后娘娘，而且在船上也供奉天后，尊为船菩"[1]。除了妈祖，被赋予治水神力的大禹也成为重要的海洋神，有不少聚落把禹王庙作为村落主要信仰场所，如箬山东兴村禹王庙。

（三）宗祠文化的影响

浙江地区本身有着浓厚的祖先崇拜色彩，并格外重视祖宗的根基。石塘的闽南移民大多为同姓家族一起迁入，聚族而居，可以起到很好的防御与自卫作用，因此某一姓氏的祠庙成为能够直接维系宗族关系的重要场所，也成为其主要信仰场所，如箬山东王村天王庙。

（四）历史名人的影响

在中国民间，许多历史人物在死后被祀奉为神，是由于在世时为人们做过好事。《礼记·祭法》中记载："夫圣王之制祀也，法施于民则祀之，以死勤事则祀之，以劳定国则祀之，能御大灾则祀之，能捍大患则祀之。"这也是民间造神基本遵循的一个准则。例如，石塘的殷元帅庙纪念的是明代抗倭将领殷锡佑，施王爷庙纪念的是清代福建将领施琅。

第二节　民间信仰场所与聚落肌理

石塘独特的地域文化、民俗传统和民间信仰与聚落有着不可分割的关系，同时这些社会要素在石塘聚落的空间中主要的表现也集中于民间信仰场所。在石塘石屋聚落形成之初，便已经有了重要的民间信仰场所，即庙宇，因此，在讨论分析社会要素对聚落肌理的影响时，本书主要聚焦民间信仰场所对石屋聚落肌理的影响。

"作为一种表达方式，民间的信仰和仪式常常相当稳定地保存着在其演变过程中所积淀的社会文化内容，更深刻地反映出乡村社会的内在秩序"[2]。民间信仰的发展、庙宇的选址与石塘聚落肌理的形成发展密切相关。石塘信仰场所主要为天后宫、道庙、祠庙、佛寺和基督教堂等，这些不同类型的庙宇与聚落形成了不同的聚落肌理。[3]

---

① 顾希佳.浙江民间信仰现状刍议［J］.浙江社会科学，1999（5）：66-70.

② 郑振满，陈春声.民间信仰与社会空间［M］.福州：福建人民出版社，2003.

③ 由于基督教基本在20世纪80—90年代才于石塘地区流行，教堂建造年代都较晚，比如打兒岙基督教堂、长征村恩助堂、伯特利基督教堂和东海村基督教堂均建于20世纪80年代，对于石塘传统石屋聚落肌理研究的意义不大，故下文不再讨论。

一、聚落中民间信仰场所的层级关系

（一）祖庙与分灵庙

在中国传统民间信仰中，随着信仰的流布、庙宇的建造与信众的迁移，在同一民间信仰中，会有祖庙与分灵庙的层级关系。祖庙指一种民间信仰诞生时始建的祠庙，主神的唯一性要求祖庙也是唯一的。[①] 例如，天后宫的祖庙即湄洲天后宫祖庙，石塘桂岙天后宫、东海天后宫等皆为分灵庙。

（二）"境"与"境庙"

在元代闽的部分区域，有一类以共同信仰和祭祀为特征的约定俗成的城乡基层区划单位称为"境"。每一境有一定地域范围，境内居民一般共同建造主神的庙宇，俗称"境庙"。基于信仰需求，一个聚落的数间庙宇中只有一间会被指定为"境庙"。[②] 同时民间信仰的祭祀活动中，有一类"扛台阁"围绕村落巡游的活动称为"巡境"。

（三）"祭祀圈"理论与石塘庙宇分级

本书中石塘地区的民间信仰场所不存在祖庙与分灵庙的层级关系，对于传统聚落庙宇层级划分，可以借鉴我国台湾学者林美容的"祭祀圈"理论。

对我国台湾地区的传统民间信仰祭祀活动进行大量研究后，林美容对"祭祀圈"进行了定义，认为"祭祀圈是指一个以主祭神为中心，共同举行祭祀活动的居民所属的地域单位，其本质是一种地方组织，表现出汉人以神明信仰来结合与组织地方人群的方式。"林美容根据"祭祀圈"理论，通过详细的调查，认为聚落中的民间信仰庙宇存在着等级关系，并给出了划定祭祀圈等级的依据："居民共同出资建宫修庙；共同的祭祀活动；收丁钱和募捐；头家和炉主；演公戏；巡境。"[③] 据此，林美容将不同民间信仰庙宇祭祀圈划分为"聚落性的祭祀圈、村落性的祭祀圈、超村落性的祭祀圈、全镇性的祭祀圈、超镇域的祭祀圈"五个层级，这对本书研究石塘地区民间信仰庙宇分级与聚落空间的布局关系具有一定的启示。

参考林美容"祭祀圈"理论中层级划分方法，结合对石塘地区现存的主要庙宇进行的调研，可以明确石塘地区的庙宇同样存在祭祀圈。同时因为石塘各聚落之间相对分离

① 苏彬彬，朱永春 . 传统聚落中民间信仰建筑的流布、组织及仪式空间：以闽南慈济宫为例［J］. 城市建筑，2017（23）：43-45.

② 林志斌，江柏炜 ."合境平安"：金门烈屿东林聚落的民间信仰及空间防御［J］. 闽台文化研究，2014（3）：40-58.

③ 于颖泽 . 闽南侨乡传统宗族聚落空间结构研究：以灵水古村为例［D］. 福建：华侨大学，2017.

独立，交通较为不便，所以石塘地区基本不存在全镇性的祭祀圈和超镇域的祭祀圈。结合石塘地区民间信仰特点与林美容的"祭祀圈"理论，按照庙宇祭祀范围大小的不同，将庙宇初步划分为：超村落性庙宇、村落性庙宇这两个层级。

二、超村落性庙宇与聚落肌理

超村落性庙宇一般由多个相邻村落或村落群共同祭祀，其具有较悠久的历史，香火旺盛，闻名遐迩，通常为大型聚落或者聚落群的"境庙"。超村落性庙宇规模较大，形制完整，一般由山门、戏台、正殿、厢房和庭院组成。

超村落性庙宇基本位于山岙海湾大型聚落之中，聚落由多个行政村交融在一起，位于山间平地，[①] 聚落在发展过程中呈现以庙宇为中心的多村落组团分布的特征。黄敏辉在《从村镇寺庙看浙江民间信仰的现状——以武义白姆白水灵宫为个案》一文中表示，"寺庙的位置脱离一村范围，往往在几个村的边缘地带，或者在镇上，其影响是跨村落的"[②]。石塘的超村落性庙宇建造于聚落发展的初期，超村落性庙宇的选址一般处于聚落入口附近或聚落空间的外延拓展地带，面朝大海，聚落围绕其发展布局，统领聚落，控制聚落发展趋势，是聚落的门户和精神防卫，具有镇守与护佑村落的意义。根据村落分布形态与超村落性庙宇在聚落肌理中的控制关系，可以分为密集村落群控制型与松散村落群控制型这两种类型。

（一）密集村落群控制型

密集村落群控制型指的是超村落性庙宇与其所在的由多个村落聚集而成且布局紧密的聚落肌理之间的控制关系。

东海天后宫（图 3-4）与东海村聚落肌理之间属于密集村落群控制型。东海村聚落由多个村落交融分布于海湾山岙之间，布局紧密，建筑密度高，街巷空间窄，是典型的密集村落群（图 3-5）。东海天后宫选址于山岙近海地势低平处，两侧为山地，背山面海，是该聚落的境庙。据庙中石碑记载，"清朝末年，乡民在外箬海滩上填筑庙基达七年之辛劳"，该庙建于滩涂之上，位于聚落地势最低处，也是山岙最中心处。同时，对比闽南地区的天后宫，如泉州天后宫、蟳埔顺济宫，可以发现近水是天后宫选址的共同特点。

---

① 陈凯业 .CAS 视角下的温岭石塘镇沿海山地聚落形态及成因探析［D］. 杭州：浙江大学，2018.

② 黄敏辉 . 从村镇寺庙看浙江民间信仰的现状：以武义白姆白水灵宫为个案［D］. 金华：浙江师范大学，2006.

图 3-4 东海天后宫

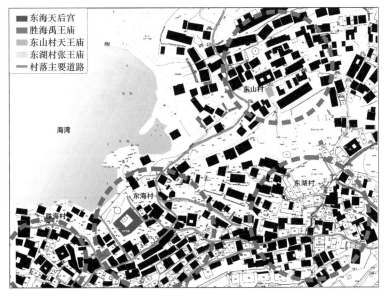

图 3-5 东海天后宫与聚落肌理

东海天后宫及其选址主导了东海村一带聚落肌理的形成。东海天后宫规模宏大，正殿七开间，气势恢宏，庙前广场开阔，山门正对广场与海湾。结合空间布局图（图 3-6）与聚落三维模型图（图 3-7），从平面与空间的视角分析，在肌理骨架上，聚落以东海天后宫为中心，三面环绕呈半围合式布局，街巷围绕天后宫有序展开，形成"几"字形的肌理骨架，同时天后宫也位于聚落的主要道路的汇聚点，即骨架的中心；在方向性上，以天后宫为中心且靠近天后宫一带的民居皆面向天后宫布局，三面层层围合，天后宫镶嵌其中，与聚落浑然一体，天后宫在方向性上起到了主导作用；在疏密性上，天后宫附近的平缓区域密度较高，在天后宫南侧的缓坡处建筑依山参差分布，前后间距较小，建筑密度也较高，在聚落形成之初，早期的合院建筑多选址于平坦的山顶或地势较缓的山坡，随着东海村海滩的填筑与东海天后宫的建造，聚落也随之往近海处发展，天后宫周围的平地成为稀缺的地势平坦的宅基地，于是民居紧密分布且建筑单体较小，天后宫周围成为建筑密度较大的区域，远离天后宫的位置则建筑密度相对较小。

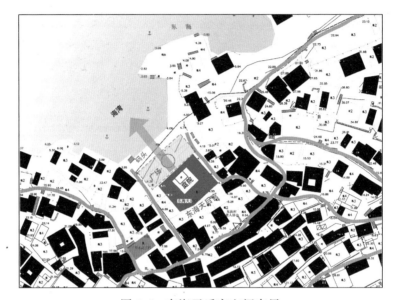

图 3-6　东海天后宫空间布局

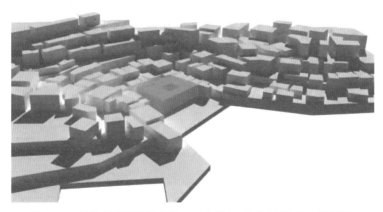

图 3-7　密集村落群控制型——东海天后宫及聚落三维模型

钓浜水坑妈祖庙（图 3-8）与钓浜聚落肌理之间也属于密集村落群控制型。钓浜聚落同样由多个村落相互交融而成，村落之间分布紧密，因聚落位于迎风面，所以整体为半坡密集布局，以此阻挡海浪与台风的侵袭（图3-9）。水坑妈祖庙是钓浜的六保境庙，是整个钓浜聚落最主要的民间信仰场所，是一座跨村落性庙宇，规模宏大，有三进院落，由山门、戏台、正殿、观音阁、三清殿和厢房组成，戏台与山门之间有空旷的庭院作为看戏空间。在选址上，与东海天后宫和桂岙天后宫不同的是，东海天后宫和桂岙天后宫选址皆位于山岙近海一侧，聚落主要位于庙宇后方，而钓浜水坑妈祖庙则紧靠山坡，聚落分布于其两侧与前方。

图 3-8　钓浜水坑妈祖庙

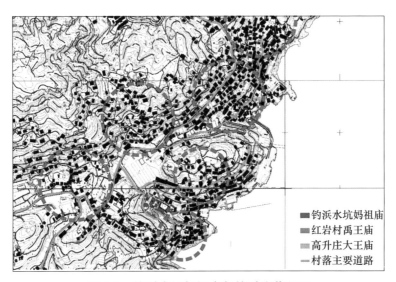

图 3-9　钓浜水坑妈祖庙与钓浜聚落肌理

钓浜水坑妈祖庙也是聚落肌理形成的重要影响因素。在肌理骨架上，水坑妈祖庙选址于水坑山岙中心位置，背靠山地，直面海湾，庙宇附近的聚落沿着庙宇所在山岙两侧顺势展开布局并与海湾相贴近，形成以妈祖庙为核心的两翼展开的肌理骨架；在方向性上，位于妈祖庙南北两侧山坡的聚落与地势浑然一体，建筑皆呈背山面海布局，沿着等高线逐级层层排布，错落有致，其方向性主要受到海湾码头、妈祖庙位置及山地走势的影响；在疏密性上，由于妈祖庙处于地势最低且地形狭窄的山岙正中，三面地势高差较大，因此周围建筑密度较低，而在妈祖庙两侧的山坡上，山地坡度较缓，民居依山集中层层排列分布，建筑密度相对较大（图3-10）。

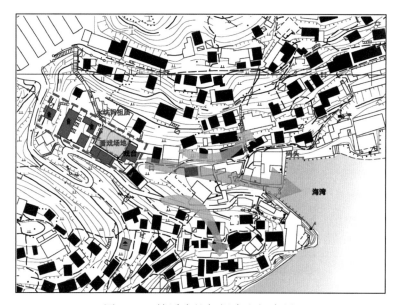

图 3-10　钓浜水坑妈祖庙空间布局

（二）松散村落群控制型

松散村落群控制型指的是超村落性庙宇与其所在的由多个村落连接而成且布局松散的聚落肌理之间的控制关系。

石塘桂岙天后宫（图3-11）是这一松散村落群的境庙，是石塘地区始建年代最早的一座天后宫，为闽南陈姓移民于明代始建，其选址背山面海、坐北朝南、垂直海湾，位于山岙近海地势低平处。所处位置同样由滩涂填基而成，处于聚落空间的外延拓展地带，庙前有广场。从桂岙、介橱浜到小沙头村一带的聚落整体布局松散，几个村落沿着海岸山岙零星分布，由山间道路相互连接（图3-12）。桂岙天后宫建筑为四合院形制，由山门、戏台、正殿、庭院、厢房组成，建筑风格具有强烈的闽南建筑特色。

图 3-11 桂岙天后宫

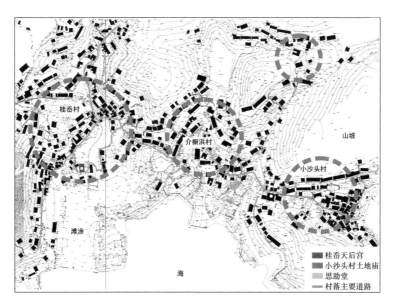

图 3-12 桂岙天后宫与聚落肌理

结合空间布局图（图 3-13）与聚落三维模型图（图 3-14），可以看出桂岙天后宫在聚落里占据绝对中心的地位。在肌理骨架上，以桂岙天后宫为中心，道路沿着山岙地形分布，在桂岙聚落中，形成"几"字形的肌理骨架，而在整个松散聚落群中，道路也是串联各村落的重要肌理骨架；在方向性上，聚落围绕桂岙天后宫三面展开布局，沿着山坡等高线层层分布，背山面海，与桂岙天后宫遥相呼应，其方向性主要受到山势地形、河流与桂岙天后宫位置的共同影响；在疏密性上，由于桂岙天后宫所在位置靠近滩涂与山谷溪滩，地基松软且易受海潮侵袭，且两侧山坡坡度较大，所以早期移民选择在山岙两侧地势较高、坡度较缓处建造石屋，通过三维模型图可以明显看到聚落主体与天后宫之间有较大高差，并形成了一定的距离，因此，桂岙天后宫附近建筑密度低，而与桂岙天后宫有一段距离的半坡上则建筑密度较大。桂岙天后宫位于海湾进入聚落的入口，处于整个山岙的扼要，统率着整个聚落，也体现了移民期望妈祖庇佑村庄、护佑渔船，希望海洋风平浪静的愿望。

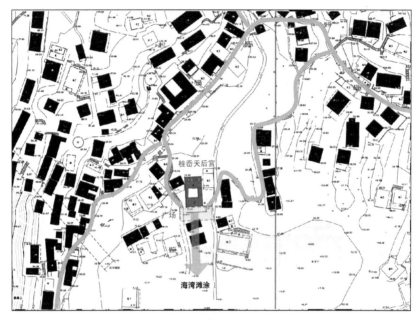

图 3-13 桂岙天后宫空间布局

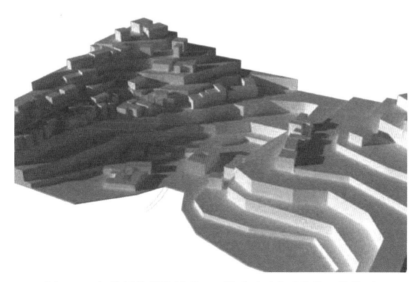

图 3-14 松散村落群控制型——桂岙天后宫及聚落三维模型

（三）与浙闽沿海同类型庙宇的对比

同样由闽南沿海移民建造于嵊泗岛的金鸡岙天后宫，该庙与聚落之间的空间布局方式与石塘东海村天后宫极其相似，也属于密集村落群控制型（图3-15）。该庙宇位于山岙中间的聚落边缘，紧邻海岸，面朝大海，庙前有广场。聚落围绕金鸡岙天后宫三面布局，金鸡岙天后宫位于聚落主要道路的交集处附近，是聚落骨架的中心；在方向性上，民居主要围绕金鸡岙天后宫三面布局，面朝天后宫，近海湾的民居则主要面向海湾；在疏密性上，在金鸡岙天后宫附近区域的建筑密度较高，远离金鸡岙天后宫的位置则建筑密度较低。

在闽南也有与石塘相似的超村落性庙宇布局方式，如福建泉州万安村及周边聚落，该聚落位于洛阳江入海口北岸，也因洛阳桥的修建而闻名，宋元以来一直是泉州的交通要道。该聚落主要的一座神庙便是通远王（又称海神）昭惠庙，相传为蔡襄当年建好洛阳桥时，在洛阳桥北建了一座昭惠庙，以此镇海。[①]该庙宇建于万安村入口，面朝洛阳江，正对洛阳桥，是万安村这个大型聚落的门户，且聚落中的两条主要道路相交于昭惠庙前，庙宇在聚落中占据着重要的位置，也是整个聚落骨架的中心（图3-16）；在方向性上，昭惠庙面朝南，而周边聚落则主要朝向道路，对比下显得庙宇朝向在肌理中比较特殊；在疏密性上，万安村整体布局紧密，疏密基本一致，而在昭惠庙附近则聚落密度较小。

图3-15　嵊泗金鸡岙天后宫与聚落肌理

图3-16　泉州万安村昭惠庙与聚落肌理

三、村落性庙宇与聚落肌理

村落性庙宇一般由一个村落独立祭祀，是全村的共同信仰。石塘地区聚落形态较为复杂，因此，村落性庙宇包括了聚落群某一个村落的村庙和独立村落的村庙。村落性庙

① 寒鲲.昭惠庙真武庙天后宫生生不息的海神信仰［J］.国家人文历史，2021（20）：87-93.

宇在规模上比超村落性庙宇小，庙宇形制也相对不完整，一般缺少山门、厢房或戏台。神灵生辰节日邀请戏班演戏是石塘村落最重要的节日庆祝活动，在场地条件允许下，村落性庙宇基本会配有戏台，若庙内场地局促，则会选择在庙外搭台演山。除了演戏，村落中人员聚集的活动基本都在庙中举行，因此，村落性庙宇是村落中最重要的公共场所之一。

石塘村落性庙宇种类繁多，主要为祠庙、道庙与佛庙。由于石塘地理环境与聚落形态独特，村落性庙宇规模较小且布局灵活，因此其选址形式也较为丰富。根据其不同选址，庙宇与聚落肌理之间的关系可以总结为村落中心型与村落边缘型这两种类型。

（一）村落中心型

村落整体布局以庙宇为中心，这一类庙宇与聚落肌理的关系称为"村落中心型"。其中村落中心型的庙宇主要分为两类：一类是祠庙，有东山村天王庙、东湖村张王庙、鹿头咀村无名庙、上咀村无名庙等；另一类是道庙，有里箬村玄天庙、胜海村禹王庙、前红村太师庙、度夼里殷府元帅殿等。

冯江在《祖先之翼：明清广州府的开垦、聚族而居与宗族祠堂的衍变》中，对村落庙宇布局的描述为"神祇拱卫在村落的四周，而祖先护佑着村落的中央"，可见在广州地区村落中，有祠堂位于村落中央，神庙位于村落边缘的传统。同时，在闽南聚落中，在历史演进过程中分化到一定的阶段，宗族型的聚落分房的发展会使聚落呈现出以宗祠、祠庙为中心的空间分布结构。村落中心型庙宇在不同聚落中的布局也有差异，主要体现在布局中心感的强弱之分，可以总结为强中心感布局与弱中心感布局。

1. 强中心感布局

东山村天王庙（图 3-17）从聚落肌理上看，与周边聚落布局相比具有非常强的中心感。该庙是一座祠庙，建于 20 世纪 50—60 年代，该庙体量虽小，仅有一座三开间正殿，但其位于东山村村落中心，庙前有比庙宇面积大近 4 倍的广场。结合平面肌理图（图 3-18）与聚落三维模型图（图 3-19）分析，东山村聚落围绕天王庙与广场四周布局，聚落整体位于山坡平坦处，庙宇坐落于多层台基之上，这一布局极大地加强了天王庙在聚落中的中心感，同时，村落中年代最久远的四合院、古井皆位于天王庙周围，天王庙及其广场既是村落的中心，也是村民精神生活与物质生活的中心。在肌理骨架上，天王庙是聚落道路的交会中心，是聚落人流最大的位置；在方向性上，天王庙面朝海湾，两侧民居面向天王庙，相对而立，聚落整体面向海湾，其方向性很大程度上受到天王庙与广场的位置影响，两侧靠近山坡的聚落方向性则更多受到山坡方向的影响；在疏密性上，通过三维模型图可以看到天王庙与广场四周区域的民居建筑体量较小，建筑层数较少，前后间距也较狭窄，建筑密度较大，同时由于该村落整体位于平坦的山顶，因此，可以留出较大面积的空地作为祭祀、演戏的广场，而在中心区域两侧及西侧靠海湾区域的坡地上，由于地势变化较大，可利用土地较少，因此建筑密度较低。

图 3-17　东山村天王庙

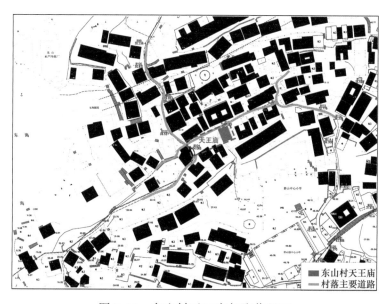

图 3-18　东山村天王庙与聚落肌理

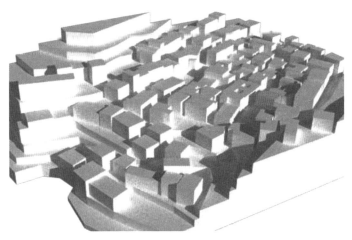

图 3-19 村落中心型——东山村天王庙及聚落三维模型

与庙前有大广场的天王庙相比，东湖村张王庙庙前虽仅有一块十多平方米的空地，但依旧具有较强的中心感（图 3-20）。该祠庙始建于清代，规模较小。在肌理骨架上，有 5 条村落道路布局汇聚于张王庙，使之成为骨架的枢纽与村落的中心，以该庙为起点，整个聚落呈放射状分布，形成一个以张王庙为中心的放射状聚落；在方向性上，庙宇四周被建筑环绕，背靠山地聚落，面朝群房，群房则背山面海布局，因其较高的地势，通过高差可远眺海湾，其肌理方向性主要受庙宇位置、道路布局与山地朝向的影响；在疏密性上，天王庙三面因道路的密布，地势的高差变化较大，聚落密度相对较小，而位于天王庙前方相对较远地势平缓的区域则密度较大。

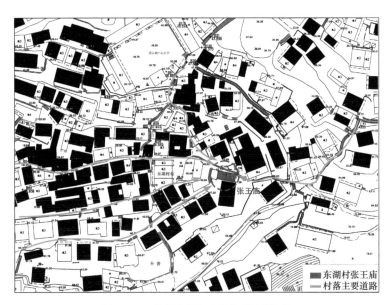

图 3-20 东湖村张王庙与聚落肌理

2. 弱中心感布局

在村落中心型庙宇中，部分庙宇在村落布局中的中心感较弱，如里箬村玄天庙，该庙位于里箬村海湾北侧山坡的中心位置，背山面海，庙前有小广场（图3-21）。但由于山地坡度大，庙前难以留出空旷场地作为祭祀广场，因此戏班演出时，需在庙前空地往外延伸搭台作为演戏舞台。庙宇四周民居皆呈行列式沿着等高线层层分布，且庙宇与民居朝向一致，整体并未形成围合的节点空间，同样使得该庙宇在平面肌理上的中心感较弱。也因弱中心感的布局，玄天庙对于聚落肌理骨架与方向性影响较小，在疏密性上，由于玄天庙位于里箬村中心位置，且其所在山坡坡度较缓，建筑紧密排布，庙宇周围的聚落密度明显高于周边靠海的区域。

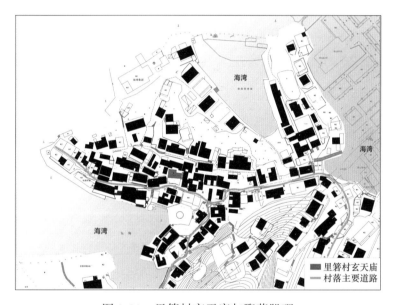

图 3-21　里箬村玄天庙与聚落肌理

（二）村落边缘型

除了村落中心或腹地，大多数神庙位于"村落的边缘地带"，"构成村落的入口空间，控制着村落的交通要道，也昭示着村落的边界"[1]，这一类庙宇与聚落肌理的关系称为"村落边缘型"。根据庙宇所处地理环境的差异，可以把石塘聚落中村落边缘型庙宇分为近海边缘布局与靠山边缘布局两种。

1. 近海边缘布局

村落中庙宇的建立多是为了满足风水之需，以"趋吉避凶"为目的，用厌胜、补缺、

---

① 顾雪萍.广府神庙建筑的形制研究［D］.广州：华南理工大学，2017.

象形等手法，结合聚落周围的山形地势，水系环境，规划庙宇的选址、朝向，以及与周边建筑的布局。庙宇选址靠近江河湖海也是主要出于此目的。近水的选址在石塘聚落中的表现则为靠近海湾处或溪滩入海处，这一类庙宇主要是妈祖庙与道庙，如粗沙头村妈祖庙、海滨村天后宫、东兴村禹王庙、花岙村关帝庙、小沙头村土地庙、粗沙头村杨公太师庙、新进村禹王庙、小箬岛土地庙等。

村落边缘型中近海边缘布局的庙宇相较于靠山边缘布局的庙宇具有更强的公共活动场所属性。一方面，一般聚落中心位于近海处，这里靠近码头，人口密集，且地势低平，交通方便，适合举行村中各种人员聚集的公共活动；另一方面，近海边缘布局的庙宇多为妈祖庙与其他道教信仰庙宇，在这些神灵的寿诞与其他节日，村中会邀请戏班演戏，这无疑增强了这类庙宇的公共活动场所属性，而靠山边缘布局的庙宇大部分为佛庙，佛庙并不会举行演戏等大型人员聚集的活动。

同时近海边缘布局的庙宇虽都靠近海边，但由于受各种因素的影响，庙宇与聚落肌理之间的关系也存在较大的差异。

第一种比较明显的是庙宇布局受山地地形的影响，如粗沙头村妈祖庙（图 3-22）和海滨村天后宫（图 3-23）都位于海湾一侧。结合两座庙宇的平面肌理图（图 3-24、图 3-25）与聚落三维模型图（图 3-26）分析，在聚落肌理骨架上，粗沙头妈祖庙面朝溪滩，并邻近海湾，处于溪滩入海口的扼要位置，镇守聚落水口，以收通乡之水，使村落"财宝丰饶"，海滨村天后宫则邻近主要道路，交通便利；在方向性上，两座庙宇建筑都未正面海湾，而是主要受山地地形影响，布局垂直等高线方向，但朝向大致依旧面向海湾，与周边建筑布局相互协调，周边民居的方向也主要受妈祖庙的朝向影响而有局部的改变，粗沙头村妈祖庙与两侧民居皆面向溪滩河流，与对岸的民居相对布局；在疏密性上，两座庙宇都位于聚落近海的道路转折处，且地势高差相对较大，周边民居密度相对较小，其中粗沙头村沿海岸与溪流侧建筑密度较高，在山地坡度较缓处，建筑密度也明显较高，而妈祖庙靠海一侧因易受潮水台风的影响，聚落密度明显较低。

第二种是庙宇受聚落民居建筑布局的影响，如花岙村关帝庙（图 3-27），庙宇虽近海，但未面朝大海，而是坐北朝南，朝向山坡，主要原因是庙宇建造时间晚于周边民居，较为局促的场地限制了庙宇的布局与朝向，庙宇前仅留一个三角形的小院落，以及一条狭窄的入口与沿海道路相连（图 3-28）。由于庙前的场地无法满足搭台演戏需求，在 20 世纪 70—80 年代村落发展过程中，拆除了关帝庙北侧的房屋，在关帝庙背面建造了戏台并留出了广场，在这之后，关帝庙、戏台和广场成为村落的重要公共空间。虽然这类庙宇建造时间晚于周边民居，但在庙宇修建后，对于聚落肌理依旧产生了一定程度的影响，庙宇连接了该聚落的主要肌理骨架，即主要道路，并影响了一部分后建建筑的方向性，部分民居朝向因庙宇而进行了调整，由于庙宇的修建，原本稀缺的平地更为紧张，庙宇周边建筑密度相对聚落其他区域变得更高（图 3-29）。

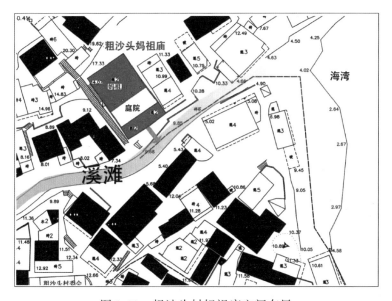

图 3-22　粗沙头村妈祖庙空间布局

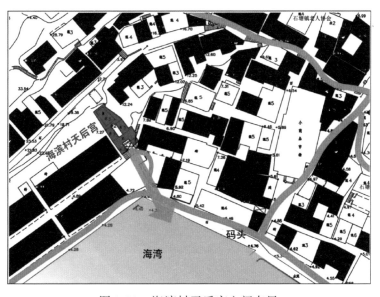

图 3-23　海滨村天后宫空间布局

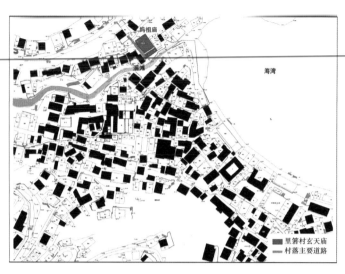

图 3-24　粗沙头村妈祖庙与聚落肌理

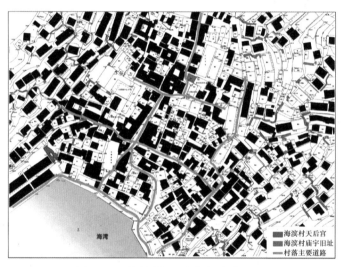

图 3-25　海滨村天后宫与聚落肌理

图 3-26　村落边缘型——粗沙头村妈祖庙及聚落三维模型

图 3-27　花岙村关帝庙

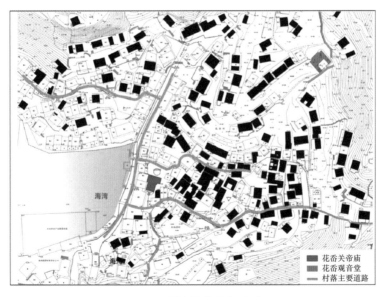

图 3-28　花岙村关帝庙与聚落肌理

　　第三种是庙宇布局受到村落道路的影响，如东兴村禹王庙（图 3-30），庙宇西侧正门面向村落主要道路，交通便利，村落道路成为影响其朝向的主导因素（图 3-31）。在肌理骨架上，禹王庙面对村落主干道交叉口，是骨架的重要节点；在方向性上，禹王庙自身选址靠近海湾，且位于原海湾的海岸中心位置，但朝向未面向海湾，而是大体朝西，面向聚落与山，周边聚落也呈围合式布局于庙宇三面，且面向庙宇；在疏密性上，该庙规模较大，庙中有戏台与庭院，建筑体量明显大于聚落中其他建筑，且主要道路与广场分布于庙宇周围，因此该区域建筑密度反而较小（图 3-32）。

图 3-29　花岙村关帝庙空间布局

图 3-30　东兴村禹王庙

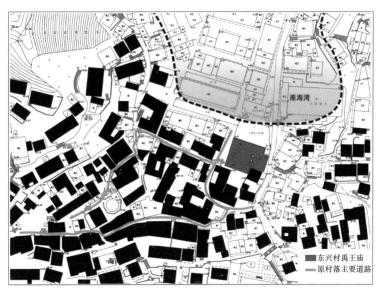

图 3-31 东兴村禹王庙与聚落肌理

2.靠山边缘布局

除了靠近海湾处，山海聚落的靠山一侧也是聚落的边缘或尽头，因此，也有许多村庙选址于山坡或山顶，主要有佛庙和道庙。尤其是佛庙，中国的佛庙多选择山顶或山坡的位置，这是因为这些地方符合佛教追求的"天人合一"宇宙观，同时也便于修行和冥想。位于聚落靠山边缘的庙宇有东海村广法堂、积善禅寺、雷公山听天寺、新进村观音堂、花岙村观音堂、中心村蔡王庙、高岩村妈祖庙、红岩村禹王庙等。

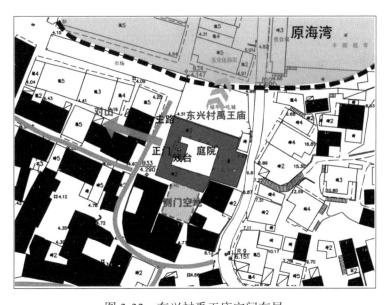

图 3-32 东兴村禹王庙空间布局

位于东海村东南侧山顶处的东海村广法堂为一座佛庙，建筑坐北朝南，位于东海村聚落边缘，东海村通往花岙村的道路转弯处，是村落的标志与入口之一，也是聚落从海湾到山顶的收尾，是聚落肌理骨架的重要节点（图3-33）。庙宇虽选址于山顶，却未与聚落疏离，周围仍有石屋，但在疏密性上，建筑密度比地势较低处小。东侧石屋沿着山坡道路蜿蜒而上，层层分布，连接至广法堂，广法堂由于其较大的建筑体量与特殊的位置，成为山顶聚落的一个重要节点（图3-34）。

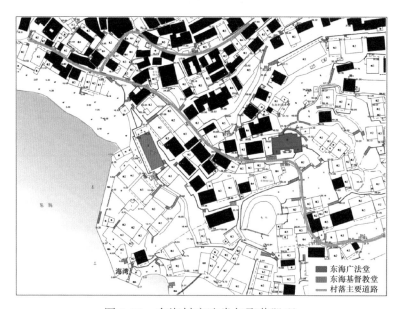

图 3-33　东海村广法堂与聚落肌理

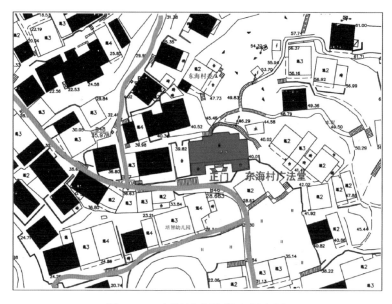

图 3-34　东海村广法堂空间布局

　　与之相似的还有中心村蔡王庙，蔡王庙位于石塘聚落靠山边缘处，背山面朝聚落群房，与之连接的只有一条由石塘通往山顶的山路，交通相对不便，与村落的关系相对疏离，但其成为连接石塘聚落与后山聚落之间主要道路的交通节点，是聚落与聚落之间的骨架节点。但由于蔡王庙距离聚落较远，因此，对聚落肌理方向性与疏密性层面的影响几乎可以忽略（图3-35、图3-36）。

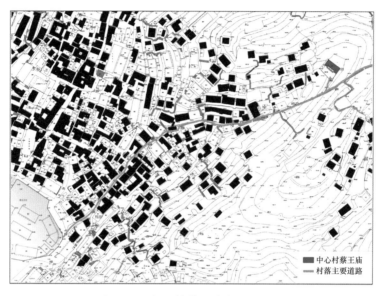

图 3-35　中心村蔡王庙与聚落肌理

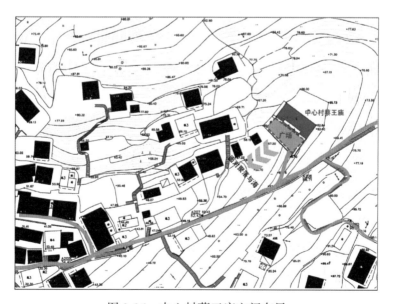

图 3-36　中心村蔡王庙空间布局

第三节　本章小结

　　石塘拥有独特的地域文化、民俗传统和民间信仰，这些社会要素与聚落肌理的形成与发展联系紧密。尤其是在移民文化影响下形成的丰富多元的民间信仰，民间信仰场所与其独特的沿海山地聚落肌理的形成有着密切的关系。不同种类民间信仰与不同层级祭祀圈的庙宇对聚落肌理产生了不同的影响，一方面是对聚落肌理形态，另一方面是对人们日常生活中的社交行为。从民间信仰场所的角度研究石塘聚落肌理，可以发现，这是一个各种文化不断相互影响、不断积累的过程，逐步达到了平衡，最终形成了富有生活气息同时又满足人们日常使用和心理需求的聚落空间体系。

　　社会要素为理解特定的聚落提供了独特的视角，这种研究"在揭示中国社会的内在秩序和运行'法则'方面，具有独特的价值和意义"。尽管对于石塘社会要素与聚落肌理的研究或许并不具有普适性，但是在聚落文化发展没落的今天，通过探索社会要素与聚落空间的关系，可以更加深入地认识聚落，寻求传统聚落未来的发展。

第四章

石塘聚落肌理中的生产要素

第一节　石塘传统生产方式概述

石塘地处浙江东南沿海，古代为海岛，距离松门约 5 千米，后经泥沙淤积与填海，逐渐形成半岛，三面环海（图 4-1）。由于地理位置优越，且耕地稀缺，石塘依托丰富的海洋资源，形成了以海鲜渔业为主的产业结构，是浙江渔业重镇、台州渔业第一镇。除此之外，还有水产加工、海盐生产、制冰、滩涂围垦、水产养殖、传统手工业、商业等。《嘉靖太平县志》载：太平无富商巨贾巧工，民不越乎以农桑为业。间有为贾者，盐利大，鱼次之，已而商次之，工又次之。今志之可著，则有业于农者，远而业于商者，近而业于贾者，此外又有业医、业巫、业星命、业卜筮、业僧道之流。乃若业儒而为士，不过数十家已耳。

图 4-1　石塘渔港

一、海洋渔业

台州的海洋捕捞渔业发展最早可追溯至三国时期，历史悠久。公元279年，东吴大臣沈莹所著的《临海水土异物志》中记载了台州渔业；唐、宋、元时期，台州水产被列入朝廷贡品；明朝初期，台州岁贡海物增至15种；清雍正年间，台州有"网鱼捕虾，捉蛇钓带，船数千余"；到了民国二十五年，台州地区渔船达到了3229艘，从业渔民1.65万人。

石塘地区的渔业同样具有悠久的历史，最早可以追溯至唐朝时期，据《嘉靖太平县志》载，唐元和年间（806—820）就有海产作岁贡。北宋天圣元年（1023），本县渔民捕获长三尺余彩绞巨型龙虾，绘像进表，诏名"神虾"。渔业兴盛则在明朝，由于明朝时期大量福建沿海渔民迁移至石塘，渔业得到发展，明崇祯年间（1628—1644），已有大钓渔业。明朝王士性在《广志绎》中记载了当时浙江海洋渔业生产过程："浙渔俗傍海网罟，随时弗论，每岁一大鱼汛，在五月石首发时……宁、台、温人相率以巨舰捕之，其鱼发于苏州之洋山，以下子故浮水面，每岁三水，每水有期，每期鱼如山排列而至，皆有声……每期下三日网，有无皆回，舟回则抵明之小浙港以卖。港舟舳舻相接，其上盖平驰可十里也。"但是到了明嘉靖和清顺治年间，统治者为了打击海寇与走私，先后两次"海禁"，毁渔船，禁止私人出海，渔民被迫从捕鱼转向农耕，石塘大量福建移民不得不迁回福建，使得石塘渔业生产严重受挫。直到清康熙二十二年（1683），"海禁"逐渐放开，渔业得到复兴。民国时期，主要捕鱼作业有小钓、大钓、小对、小流网、乌贼笼、定置张网等[①]（图4-2）。

(a) 捕鱼画面　　　　　　　　　　　(b) 渔船

图4-2　石塘20世纪60—70年代捕鱼画面与渔船

---

① 温岭县志编纂委员会.温岭县志［M］.杭州：浙江人民出版社，1992.

关于海上作业,除了常年依靠捕鱼为生的职业渔民,还有临时渔民在大渔汛期从事捕捞工作。石塘渔民在近海捕鱼后即可随捕随卖,而对于捕自远离陆地海域的渔产品则需要先进行保鲜,然后运到海港码头及内地贩卖。海盐腌制是一种传统的保鲜技术,可以防止渔产品在运输过程中腐烂。《直省志书·定海县·石首鱼》云:"至四月五月,海郡民发巨艘往洋山竞取,用盐腌之曝乾(干),曰白鲞,通商于外。"在明朝"海禁"前后,鱼贩、鱼店、鱼商、鱼行等行业相继出现,小本经营的鱼贩俗称"担鲜"。到了民国二十年,钓浜、大陈、松门、交陈4个乡镇就有66家鱼行和鱼商。

二、盐业

除了海洋渔业生产,盐业也是石塘地区重要的一种生产方式。据《温岭县志》载:"台州地处浙东,盐业资源丰富,海岸线绵长,潮汐涌荡,斥卤尽为膏腴,为浙盐主要产区。"从产盐的条件来看,石塘地区拥有大面积的滩涂和宽广的晒盐场所,盐土深厚且含盐量高,利于盐花的凝结。此外,石塘地区的近海海水潮差大于4米,这有利于盐场吸纳海潮。

明洪武年间(1368—1398),温岭盐务区域渐趋规模,境内青林、平溪、高浦、沙角四仓(即今之盐场),分布在松门至金清港一带。清光绪初尚有三仓(沙角仓毁于清嘉庆初海溢)。清末温西沿海以摊灰淋卤方式筑塘制盐,盐区较前扩大。民国时期改仓为坨,自金清港以南起,分别于禹山庙、盘马、乃演、乌沙浦、杨家浦、上马石、呑环、坞根塘头、沙潺塘、青屿,依次设第4~13坨,计盐田19663亩(1亩≈666.67平方米,下同),其中上马石即如今石塘上马乡,为灰晒区。石塘上马盐场,位于上马乡,原为施九坨,中华人民共和国成立后经过多次改造扩建,盐田达到4589亩,年生产能力达到1.2万吨,兼业的盐民895人。

盐的生产方式主要有晒盐和煎盐两种,晒盐即在聚落边缘的滩涂地开辟盐田,引卤水入盐田,晒干得盐。煎盐是指通过锅煎煮海水或卤水来制作盐。明代海盐以煎为主。

三、制冰业

海上渔船捕获的水产除了用食盐腌制保鲜,便是用冰块保鲜,制冰业对渔业的发展有着重要的影响。抗日战争前后,松门镇有冰厂7座,库容40~70吨不等,仅供当地鱼行加工自用。冰鲜船用冰,均往镇海、舟山、上海购买,俗称"充冰"。1976年,水产公司冷冻厂"机制冰"首次在石塘投产,当年产冰2805吨,制冰业自此也成为石塘的重要产业。1983年,石塘镇东角头冷冻厂、钓浜乡沙头冷冻厂建成投产,自此,沿海渔村纷纷集资建厂。20 世纪 70—80 年代后纷纷建立的小型制冰厂大多位丁远离聚落的码头附近，以便汲取海水制冰，并把冰运输到渔船。制冰业的发展也使得渔业得到进一步的发展，史多的海产品能够依靠冰块冷藏运输到史远的地区。

四、手工业及商业

以家庭为单位的小型手工业也是石塘传统生产方式的重要组成部分。一般是男性出海捕鱼，女性留在家中从事手工业，包括海鲜加工、渔具生产与修补等。例如，石塘许多家庭会在家中院落烧制鱼面，整个生产过程一般由家中 3~5 位女性便可完成，烧制完敲成鱼面，然后晾晒于门口街巷，用竹筛悬挂于屋檐高处防止被猫偷食，晒干后便可到码头或市场进行售卖。

渔业和手工业促进了商业的发展，《嘉靖太平县志》载：近而业于贾者：或货食盐，率担负鬻于本县诸民家；或货米谷；或货材木；或货海鱼者，率用海舶在附近海洋网取黄鱼为鲞，散鬻于各处，颇有羡利；又有以扈箔取者皆杂鱼，厥利次之；又其次有货杂物，肆而居者比比，不能尽著。明清时期石塘商业已经得到较好的发展，除了贩卖鱼和盐，其他日用杂货比比皆是。

第二节　渔港码头与聚落的关系

在聚落发展过程中，传统的生产方式会对聚落空间从不同方面产生不同程度的影响。石塘地区的传统生产方式中，渔业生产要素对聚落的影响起到了主导作用。石塘盐业主要采用盐田晒盐方式，盐田集中于上马盐场，这种布局与主要聚落距离较远，对聚落空间的影响几乎可以忽略；制冰业形成于 20 世纪 70 年代之后，制冰厂的选址皆位于聚落边缘，对石屋聚落的形成几乎没有影响；手工业与商业的形成则得益于渔业的发展。因此本书将着重分析渔业生产与聚落的关系，而渔业生产与聚落最主要的联系则是渔港与码头。

一、石塘渔港和码头概况

（一）码头的界定

码头与其所在的城镇、乡村聚落有着紧密的联系。"剡木为舟，剡木为楫，舟楫之利，以济不通"是古代对码头的记载。码头具有较强的公共属性，随着在码头附近区域的聚居和生活，人们易获得同质化的生活方式，码头周边的民居建筑、街巷空间和社会群体都会受到影响。由此，码头不仅促进了邻近区域聚落的兴盛，同时还影响了其沿岸区域的空间环境，甚至人文气质。[①]本书关于码头与聚落关系的研究，将以码头及其依附的邻近海湾、周边街区、民居建筑、集散场地及其他生活设施和生产设备共同称为码头。码头不仅承载着大部分靠海为生的渔民的生产活动，还承载着该区域所在聚落居民的社会活动。

码头作为石塘地区主要的生产活动要素，其规模与功能具有宽泛的包容性和较大的不确定性，并且码头几乎联系着石塘地区所有的聚落历史沿革。因此，本书针对石塘传统聚落的码头这一研究范围，将从空间和时间两个层面予以界定。在空间层面，把码头限定于沿海传统石屋聚落的海湾与码头，包括码头周边的道路与街巷、空间交互节点、邻近码头的民居、仓储建筑等；在时间层面，"历史性"是本书研究的码头特性之一，即该区域必须经历了较长时间人与环境相互作用的演变进程。

（二）渔港码头的类型与特征

1. 古代码头类型

我国古代码头种类丰富，并具有多种使用功能，按照其使用功能，可以分为综合型码头、专运型码头和军政型码头这三类。例如，石塘镇码头便属于综合型码头。综合型码头指的是以货运运输为主，兼具政治、军事、客运等多种功能的水运交通枢纽，这些码头城镇自古便是地区政治、经济和文化中心，早在城镇发展的初期，商铺、仓栈、防御设施等各种功能性的建筑设施便修建于码头周边。

从结构上古代码头可以大致划分为三大类：港口桩码头、古代建筑码头和砖石码头。港口桩码头是由一系列木桩或钢杆等支撑海水中的木框架或金属框架形成的，其构造使得船只能够安全停靠和装卸货物；古代建筑码头是以河流、湖泊上的古代建筑为主要组成部分，主要用于停泊水上船只，如古代的桥梁、庙宇等建筑；砖石码头是由河流、湖泊上的砖石组合而成，作为桥梁两端的码头，可支撑桥上的船舶，也可以作为船舶停靠港口，具有装卸货物等用途。石塘的码头主要是第三种结构——砖石码头，在天然海岸线的基础上，砌筑石头成驳岸作为码头停泊船只，或是利用海边礁石，在礁石上凿出踏步并嵌入铁环作为拴船石，以此作为原始的码头。

2. 现代渔港分级

我国渔港的标准分级主要始于近代，现行的渔港建设标准将渔港分为中心渔港、一级渔港、二级渔港和三级渔港这四个等级。其中，中心渔港可至少满足 800 艘大、中、

① 肖瑶.川江流域历史城镇码头地段文化景观的演进与更新［D］.重庆：重庆大学，2014.

小型渔船的停泊、避风和补给，码头的岸线长度大于 600 米；一级渔港则至少可满足 600 艘大、中、小型渔船的停泊、避风和补给，码头的岸线长度大于 400 米。[①]

以现代石塘渔港与码头为例，现代石塘渔港是一个一级渔港（图 4-3）。原石塘渔港东侧岸线蜿蜒曲折，形成两个水深较深（4~7 米）的开敞海湾，石塘渔港东部的特点是北侧为内陆山地，东侧有大、小蚊虫浜屿和乌龟门这三岛断续为屏障，南侧有横屿岛，几座岛屿相连形成 4 个大小不同的口门，使渔船出入渔港通航。石塘渔港西侧的海域岸线长，渔港水域面积大，水浅浪小，是良好的中小渔船避风港，但滩涂面积不断扩大，几乎没有良好避风条件的深水岸线，因此难以修建深水泊位码头。[②]21 世纪后，在棺材屿岛、横屿岛与大蚊虫浜屿之间建造了防波堤，并在棺材屿岛连接的封闭式防波堤端部附近，建设 3000 吨、5000 吨级供油码头各 1 座，解决供油码头候潮作业不便的问题。

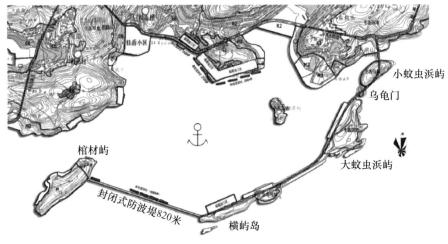

图 4-3　石塘渔港地形地貌图

3. 渔港码头类型与风向的关系

温岭属于中亚热带季风气候，有较明显的海洋性气候特征，四季分明，雨量充沛，热量充裕，光照适宜。年平均气温 17.3℃，年平均降雨量 1659.4 毫米，主要自然灾害是发生在夏末和秋季的台风，其次为干旱、暴雨。根据温岭大陈站和坎门站的 2003—2015 年各风向频率玫瑰图显示（图 4-4、图 4-5），石塘地区的冬季常风向为北风，夏季常风向为西南风，其中北风多年平均风速为 3.5 米 / 秒，西南风最大风速为 32 米 / 秒，

① 桂劲松，温志超，毕恩凯，等.渔港建设标准中码头岸线长度的确定［J］.大连海洋大学学报，2015（5）：558-562.
② 李安迪.渔港锚泊地防台避风能力研究：以温岭石塘渔港为例［D］.上海：上海海洋大学，2020.

最大风速基本在台风期间产生。

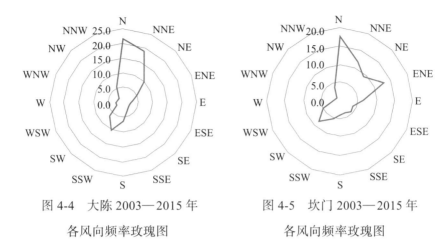

图 4-4　大陈 2003—2015 年　　　　　图 4-5　坎门 2003—2015 年

各风向频率玫瑰图　　　　　　　　各风向频率玫瑰图

　　日常不同风向的风并不会严重影响渔业生产与安全，而夏季偏南风与台风对渔业和聚落而言有着较大的危害，对石塘居民生活及渔业生产影响最大的气候灾害便是台风。台风风向对沿海码头的影响是非常显著的，如果台风朝一个特定的方向逼近，沿海码头就会受到巨大的力量冲击，会严重破坏民居、码头、桥梁等建筑物。早期移民为了抵抗台风，将聚落选址于地势平缓的背风面东部山岙之中，背山面海，以山作为对抗台风的屏障。这种负阴抱阳、背山面水的选址方式，在风水学中称为聚气，利于生态循环良好的小气候的形成。在内部建筑布局方面，石塘居民充分利用了山地丘陵地区地形与地势，并形成了错落有致的聚落形态。[1]

　　综上所述，在研究聚落渔港码头和风向的关系时，把夏季偏南风作为影响聚落和渔港码头的主要风向，根据渔港码头所在的位置，把北向、西北向及东北向的渔港码头归为背风面码头，把南向、西南向及东南向且缺乏屏障的渔港码头归为迎风面码头，把南向、西南向及东南向但有明显屏障的渔港码头归为半迎风面码头。

二、不同类型码头与聚落的关系

（一）背风面码头与聚落的关系

　　背风面海湾是渔港码头的最优选址，背风面海湾开口整体为北向、西北向及东北向，三面有山坡环绕，起到屏障作用，船只从北向驶进海湾，是天然的避风良港，每当大风天气或者台风季，船只都会停入渔港避风。因此背风面的海湾比较适合聚落的发展，聚

① 邱健，胡振宇.沿海传统建筑的抗台风策略：以浙江省温岭市石塘镇石屋为例［J］.小城镇建设，2008（3）：98-100.

落发展的同时又促进了码头的建设与渔港的繁盛。

然而背风面的渔港由于风浪较平静，易造成泥沙的沉积，港湾水深较浅，尤其是码头附近，易形成滩涂，对于渔船而言，低潮位时难以泊岸作业。不过在古代，背风面渔港水深虽较浅，却也足够供明清时期的一般渔船使用，例如，明朝太平县有一类非常具有代表性的渔船，称为苍船，明朝戚继光在《纪效新书》中记载，浙江捕鱼苍船"吃水六七尺"（图4-6），即如今吃水2米，并按照一般渔船长：宽：深=7：1：0.6的比例关系，可以估算得到明朝苍船大概长30米、宽4米。[①]另外温州的壳哨船、网梭船则比苍船更小。因此在明清时期，浅水渔港若具有较好的避风条件，也可发展成较大的渔港。同时，海岸滩涂也可提供不少滩涂类水产，并可发展滩涂养殖，因此也促进了聚落的生产。

图4-6　明代浙江苍船

石塘地区典型背风面码头有东兴村码头（图4-7）、粗沙头村码头（图4-8）等。以东兴村码头为例，东兴村码头位于里箬村东侧，码头对应的是一个朝北的渔港，三面环山，且海湾凹口较深，码头呈"几"字形，形成了一个避风港湾。海湾虽然宽度较窄，但其深度较深，较大的长宽比使得海湾能够更好地躲避风浪，较长的海湾岸线也能够容纳足够多的渔船。优越的渔港与码头使得聚落不断发展，形成一个出多个村落组成的群聚型聚落。另外，与粗沙头村码头相似，沿海湾较多滩涂，渔船仅能在高潮位泊岸作业，低潮位时则只能于湾内抛锚，因距离码头较远，渔民需要依靠小艇或木筏靠岸。

---

① 《中国兵书集成》编委会. 中国兵书集成［M］.北京：解放军出版社，1990.

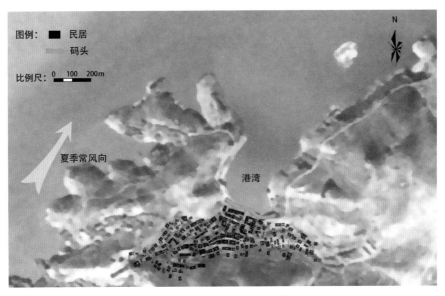

图 4-7　东兴村渔港码头与聚落的关系

图 4-8　粗沙头村渔港码头与聚落的关系

（二）迎风面码头与聚落的关系

迎风面码头指的是海湾开口与码头整体南向、西南向及东南向，海湾两侧整体缺少屏障，这类码头一般规模较小，为村落近海捕鱼日常所用，在大风天气或台风季无法作为泊船港湾。石塘地区位于迎风面的码头主要有桂岙码头、钓浜码头等。

桂岙码头（图 4-9）准确来说是一个海湾滩涂，朝向正南方，所处海湾是一大型湾口中的其中一个小湾口，与之相邻的是介橱浜的海湾，海湾两侧有山坡形成山岙，能够阻挡一定风力。同时桂岙海湾直径较小，海浪冲击强度较大，泥沙堆积于海岸形成海滩，由于迎风面风浪的影响，桂岙海岸在古代较难修建硬质驳岸，因此桂岙码头为自然滩涂。为躲避海浪的侵袭，再加上沿海滩涂地基较软，桂岙聚落整体位于山坡上，地势较高，与海岸码头相距甚远。

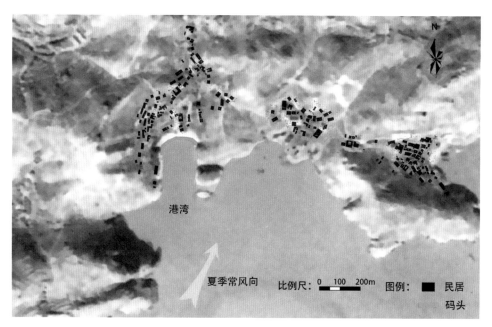

图 4-9 桂岙渔港码头与聚落的关系

钓浜码头（图 4-10）则是一个多海湾连续的码头，整体呈点状分散于沿岸各小海湾。由于钓浜聚落整体位于迎风面，每年受到夏秋台风的影响较严重，虽然钓浜海岸对面有一座较大的岛屿——隔海岛，能够一定程度上削减风浪的强度，但由于岛屿距离陆地较远，风浪依旧较大。综上自然条件，钓浜码头只能选址于相对背风的小型海湾内，聚落与码头紧密结合，相互依存。与此同时，钓浜海岸多山地礁石，少滩涂地貌，使得沿岸水位相对较深，有利于渔船泊岸作业，部分聚落甚至直接借助海岸的礁石作为驳岸码头。因此，钓浜的码头形式多样，且与聚落结合更为紧密。

（三）半迎风面码头与聚落的关系

半迎风面码头指的是海湾开口整体南向、西南向及东南向，但海湾一侧或附近有山坡阻挡，削减渔港与聚落的风力，能起到一定程度的避风效果的码头。石塘地区位于半迎风面的码头主要有箬山码头、石塘老街码头等，这两个码头皆为条件优良的渔港，首先，海湾所在位置对应的山岙较深，能够较大程度阻挡台风，且山岙内平地面积较大，适合聚落的发展；其次，这两处海湾岸线曲折，山地环绕，海湾外侧皆有岛屿屏障，因此都可削减风浪，形成港湾；最后，这两处聚落外侧海域皆位于夏季风迎风面，海水流速较大，水位也较深，适合大型渔船通行。随着 21 世纪后防波堤的修建，箬山码头与石塘码头规模也进一步扩大。码头的繁盛也反向推动了聚落的发展，聚落与码头相互依存，使得箬山与石塘老街成为石塘地区最大的两个聚落。

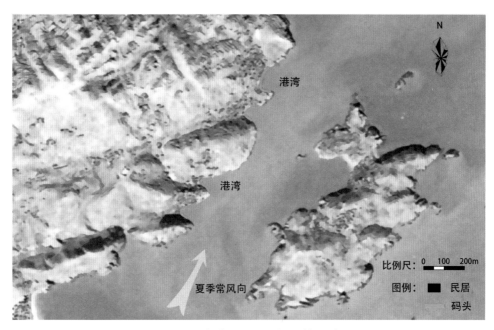

图 4-10　钓浜渔港码头与聚落的关系

（四）复合型码头与聚落的关系

除了以上三种类型的码头，石塘地区大型聚落的码头基本上是多种码头组合而成的复合型码头。在石塘地区的大型聚落主要有箬山历史风貌区聚落（包含东山村、东湖村、兴建村、胜海村、东海村、东兴村 6 个行政村）和石塘聚落（包含海滨村、中心村、东角头村、新东村、中山村、新新村、前进村 7 个行政村）。与此对应的码头即是箬山码头与石塘老街码头。

复合型码头具有较大的规模，有天然的避风屏障，能够满足附近多个村落的渔船停泊需求，并且有较大吃水深度，能够容纳较大的渔船。复合型码头对于聚落肌理的影响主要是作用于沿海湾附近的聚落组团，并间接影响到聚落整体。

箬山码头整体朝向西北方，三面环山，一面临岛，是一个天然的避风良港（图 4-11）。两个聚落分别位于相邻的两个山岙，组成一个大型的山岙群聚型聚落，中间由一座山分隔。东海村海湾与东山村海湾分别是两个较小的湾口，海岸线较短，组合在一起形成一条"W"形的海岸线。海湾西侧的山坡向外延伸较远的距离，挡住了台风与海潮，使得海岸线延长的同时，也围合出了一个较深的避风港。除此之外，距离箬山码头的西面山坡几百米处还有一座岛屿即小箬岛，削减了来自西侧的浪潮，使得箬山海湾风浪更加平静。20世纪70—80年代，箬山与小箬岛之间填海建造了防波堤，并连接了两岸，使得箬山海湾成为一个三面全围合的避风港，进一步扩大了码头的规模。码头的扩张同时也使得几个聚落沿码头不断发展融合，成为一个密集群聚的聚落。

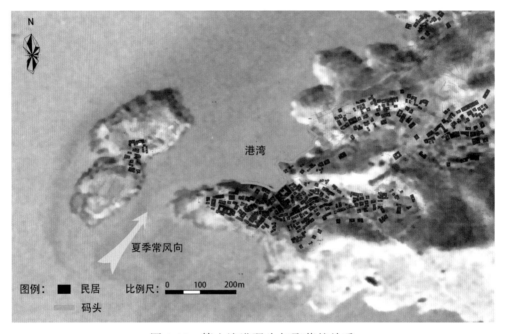

图 4-11　箬山渔港码头与聚落的关系

石塘码头也是一个复合型码头，主要由石塘老街码头与位于同一个海湾的小沙头村码头组合而成（图 4-12）。石塘码头是一个历史悠久、规模较大的渔业码头，位于石塘老街海湾，石塘老街海湾三面环山，呈"几"字形，东南侧的山坡成为天然的屏障，挡住了夏季台风，使得石塘老街海湾成为一处避风港。石塘老街码头早期沿海湾是一片浅滩，渔船靠岸后停泊于浅滩，山岙中有溪滩流入海湾，与码头相连。后经填海，用条石筑起驳岸，码头外移，渔船也能够直接驶到岸边，靠岸卸货。石塘老街西北侧山坡与东南侧山坡之间的山岙地势平坦且面积较大，天然的海湾码头使得聚落在此不断集聚发展，与此同时，随着人口增长，古镇的渔业也得到较大的发展，到了20世纪70年代，渔业现代化水平提高，在原码头的东西两侧沿海岸延伸了码头，便有了石塘的东码头与西码头，这两处与滩涂距离较远，水位相对较深，可以停泊更大型的渔船（图 4-13）。与箬山码头相似，石塘码头的扩大，也促使了聚落沿码头发展，最终几个聚落相互连接组成了一个连续型的大型聚落。

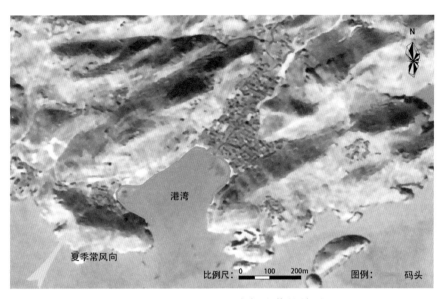

图 4-12　石塘渔港码头与聚落的关系

图 4-13　石塘镇 20 世纪 70 年代平面图

第三节　渔港码头与聚落肌理

背风面码头、迎风面码头、半迎风面码头及复合型码头这四类码头与渔港、聚落之间有着紧密的联系，同时也是石塘石屋聚落肌理的重要因素。码头本身便是聚落肌理骨架的组成要素，同时，码头的位置与形态能够影响肌理方向性和疏密性，从而在整体上影响聚落肌理的形成。

一、背风面码头与聚落肌理的关系

（一）背风面码头与肌理骨架

背风面的海湾由于地理位置的优势，聚落整体靠近海湾，码头与聚落的关系也更为紧密，其聚落骨架基本是由码头与街巷组成的。垂直码头往聚落内形成多条主要道路，这些道路为贯穿聚落，成为肌理骨架的组成要素。

以粗沙头村为例，由于粗沙头村坐落于山岙靠海的地势低平与缓坡区域，海湾的位置得天独厚，适合发展渔业，因此粗沙头村聚落形成之初便围绕码头布局，建筑靠近码头，有部分建筑建于海岸之上，形成一个半弧形的海湾聚落，码头是整个聚落最主要的肌理骨架，决定了整个聚落的形态。之后聚落逐渐向山岙内延伸，溪流从山岙贯穿聚落，沿着北侧边界流向海湾，将聚落分为溪滩南北两部分，溪滩与海湾相接，渔民可用小浮筏沿溪滩将少量捕获的水产运回聚落，溪滩成为该聚落肌理的骨架之一。图 4-14 为粗沙头村码头 20 世纪 60 年代照片。

(a) 粗沙头村码头(一)　　　　　　(b) 粗沙头村码头(二)

图 4-14　粗沙头村码头 20 世纪 60 年代照片

以东兴村为例，靠近海湾码头的聚落建筑平行于海湾分布，两排石屋面对面横向布局于码头内侧，最外一排石屋背向海湾，能够起到阻挡海风长驱直入聚落的作用。沿码头的两排石屋之间也形成了早期内向型商业街道，同时，由于受山岙地形的影响，聚落整体沿两侧山势分布，南北两侧形成了两条连接码头横街的街巷。三条主要街巷首尾相连围合成一个三角形的聚落轮廓，成为聚落主要的肌理骨架，三角形骨架中间则是聚落的主要公共空间，包括广场、公共水井，还有渔行主的大宅院（图4-15）。

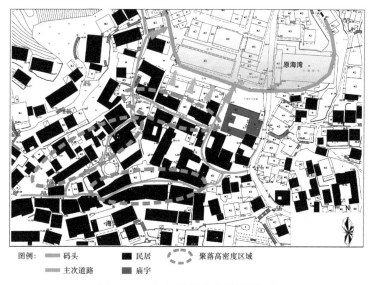

图例：
码头　民居　聚落高密度区域
主次道路　庙宇

图 4-15　东兴村码头与聚落肌理

（二）背风面码头与肌理方向性

背风面海湾的聚落整体方向性主要是由海湾码头的位置决定的。背风面的海湾是渔业生产的良港，一般背风面码头规模较大，渔业繁盛，因此背风面码头的位置与聚落整体方向性有着紧密的联系。聚落一般会整体面向码头，民居也是背风而建，以此降低台风侵袭的损害。

东兴村聚落整体自西南向东北面向海湾码头，在沿海湾方向横向布局较短，往山岙方向纵向布局较长，并跨过山坡与东海村聚落尾部相接，主要街巷的方向与聚落整体方向一致，且主街相对较宽，居民在街巷中制作、晾晒鱼面，是居民公共的生产生活空间（图4-15）。在建筑层面，与石塘老街相似，沿码头的数排住居横向布局作为街市，其余沿街民居则面向街巷，山地民居则背山面海，沿等高线分布。

再以粗沙头村为例，粗沙头村民基本靠海为生，其优良的天然港湾码头与粗沙头村的发展息息相关，渔船在码头靠岸卸货，在码头附近售卖、加工，靠近码头处形成了早期的商业街，码头是粗沙头村重要的村落中心之一，整个聚落的方向都是自西向东而向码头。同时，由于其处于半迎风面，聚落布局整体靠近山岙南侧，北侧迎风坡则基本没有民居分布（图4-16）。在建筑层面，粗沙头村沿码头的建筑基本面海而建，聚落内部的建筑则面朝街巷而建。

图例：　▬▬ 码头　　■ 民居　　⊂⊃ 聚落高密度区域

　　　　▬▬ 主次道路　　■ 庙宇

图 4-16　粗沙头村码头与聚落肌理

（三）背风面码头与肌理疏密性

背风面的聚落疏密性主要受风向与码头位置的影响。聚落整体处于山岙背风面，在靠近背风山坡一侧的聚落密度较大，远离背风山坡的聚落则密度较小；聚落在靠近码头处密度较大，在远离码头处则密度较小。

东兴村聚落以码头作为主中心，两条街巷相交的以吴厝和陈氏宅院为中心的空间是村落内部的重要公共场所，附近村民在这里晾晒海鲜、打水、散步等。沿码头的建筑层层密布，密度较高，同时村落南北两条街巷两侧的建筑同样密度较高，呈线性分布，而中间被围合的公共区域则建筑密度相对较低。

再以粗沙头村为例，沿码头一带有聚落发展初期建造的石屋民居，还有中华人民共和国成立后建造的公用仓储建筑，在 20 世纪 60—70 年代后，码头往海湾外侧扩建，并在码头附近建造了小型制冰厂，因此码头附近除了建筑密度较高外，类型也非常丰富。在粗沙头村聚落中央，至今保留了双碉楼合院，以双碉楼合院为中心的四周建筑密度也相对较高，连接双碉楼合院与码头的是村落的主街，主街两侧店铺林立，建筑密度也较高。除此之外，受风向的影响，粗沙头村南侧的建筑密度明显高于北侧。

二、迎风面码头与聚落肌理的关系

（一）迎风面码头与肌理骨架

迎风面码头对于聚落的影响相比于背风面码头和半迎风面码头较小，聚落与码头之间的距离较远，因此码头对聚落骨架形成的作用也较微弱。

以桂岙和钓浜为例，影响两个聚落骨架的主要因素是地形、风向和溪流，码头对聚落肌理的影响并不是主导。为了躲避台风与海浪的侵袭，桂岙聚落整体位于山岙地势较高处及山岙深处，与码头之间有较远的距离（图4-17）。钓浜码头在隔海岛的保护下有着一定的规模，码头与聚落的距离也相对较近，例如，水坑码头位于水坑妈祖庙所在的山岙中，与妈祖庙相对，位于聚落的核心位置，以水坑码头与妈祖庙为轴线，将水坑村聚落分为南北两翼，成为该村的主要聚落骨架（图4-18）。

图例：　▬▬ 码头　　　■ 民居　　⬭ 聚落高密度区域
　　　　▬▬ 主次道路　　■ 庙宇

图 4-17　桂岙码头与聚落肌理

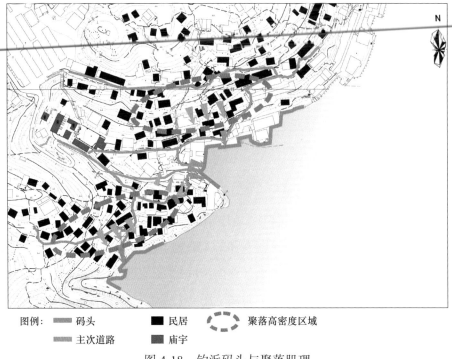

图例: ▰▰▰ 码头　■ 民居　⬭⬭⬭ 聚落高密度区域
▰▰▰ 主次道路　■ 庙宇

图 4-18　钓浜码头与聚落肌理

（二）迎风面码头与肌理方向性

迎风面码头对聚落方向性的影响范围主要是在靠近码头的区域，对聚落整体的影响更小。

桂岙与钓浜聚落整体背山面海，朝向海湾，同时由于两地山地坡度较大，山岙较浅，聚落大多依山布局，沿着等高线层层分布。其中桂岙码头附近，有少量建筑零散分布，面向码头而建；钓浜则是山岙内侧与妈祖庙前的民居面向码头而建，远离码头处的民居基本沿着等高线分布。

（三）迎风面码头与肌理疏密性

迎风面码头对聚落的疏密性的作用结果与其他类型的码头基本相反，在靠近码头的聚落建筑密度较低，而远离码头的聚落深处则建筑密度较高。

桂岙聚落整体位于山岙较高处，与码头相距甚远，码头附近唯有天后宫与几间住宅，建筑密度极小，一方面是因为海湾附近缺少陆地，滩涂面积较大，不适宜建造房屋，另一方面是因为桂岙位于迎风面，地势较低处在台风时容易被海浪侵袭，因此聚落主要沿山坡分布。钓浜聚落同样以沿山坡分布为主，近海处及码头附近的建筑密度较低，靠近山岙的山坡上则建筑密度较高。

三、半迎风面码头与聚落肌理的关系

（一）半迎风面码头与肌理骨架

半迎风面的位置使得渔港码头内风浪较为平静，码头在聚落中同样有着非常重要的位置，其对聚落骨架的发展有较大的影响。半迎风面码头所在的聚落规模相对较大，与海洋的接触面也较大，聚落围绕海湾发展，码头是聚落重要的肌理骨架。

比较典型的半迎风面的码头是石塘老街前的码头，老街前的海湾实则朝向迎风面，但由于对面有小沙头村的山坡阻挡，使得该渔港码头处于半迎风面。石塘老街前的码头，由于渔业繁盛，靠近码头处形成了热闹的商业街道，聚落与人口相对聚集，在与码头平行方向上依次形成了滨海前街、鱼市街、横街三条主要街道，在垂直码头方向则形成了贯穿石塘聚落的最主要的街道——中街。街道纵横相交，将聚落划分成相对规整的几个区域，街道两侧店铺林立。除此之外，山岙汇聚的溪流蜿蜒贯穿老街聚落，并从鱼市街呈"S"形流至码头东侧边缘，分割了原本规整的住居街区。溪流可以被看作是海湾向聚落内部的延伸，连接聚落与码头，在涨潮高水位时，渔民可乘坐小筏从海湾溯溪至街巷内，运输少量在海湾附近捕获的水产。街巷与溪流相互交织，成为该聚落最清晰的肌理骨架（图4-19）。

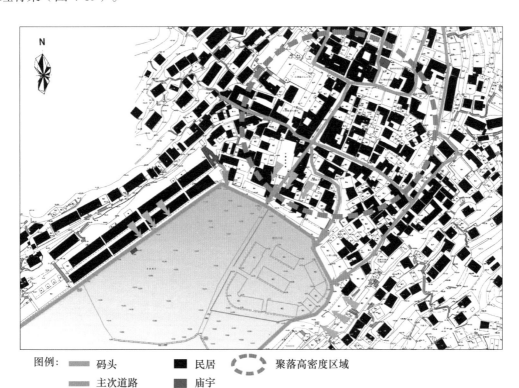

图例：　▨ 码头　　■ 民居　　◠ 聚落高密度区域
　　　　▨ 主次道路　　▪ 庙宇

图 4-19　石塘老街码头与聚落肌理

（一）半迎风面码头与肌理方向性

处于半迎风面海湾的聚落，其方向性在一定程度上也受到码头的影响。石塘老街前的码头，在聚落方向性层面，自东北向西南布局，整体方向与海湾方向一致，朝向码头；中街、东路和西巷皆是自东北向西南直达码头，码头是整个聚落主要道路汇聚的终点。从建筑层面分析肌理方向性，可以看到石塘老街码头对靠近码头附近的建筑有较大的影响，沿码头的建筑皆面向码头，以便于生产生活，住居在沿码头方向开设店铺，渔民在码头上修补渔网、晾晒鱼鲜；在聚落内部，街巷的方向大致决定了住居的方向，沿街商铺皆面向街道，住居则面向邻近的街道。

（三）半迎风面码头与肌理疏密性

在石塘半迎风面的聚落中，其疏密性也主要受到码头、风向及村落其他中心的影响。

渔民在石塘老街码头将渔船靠岸后，卸货于码头，由于早期缺乏将鱼鲜保鲜的技术，渔民一般将捕捞的海产品就近贩卖。由此可以看出在当时四五月的渔汛时期，码头岸边渔市遍布，渔民与商人聚集，如都市一般，可见码头历来是石塘老街的主中心。分析从码头延伸向山岙的整个聚落，靠近码头的区域，聚落的建筑密度较大，建筑布局较规整，合院密布；远离码头的区域则聚落的建筑密度较小，合院也相对更少，单体建筑较多。同时石塘的次中心为主次街巷相交的各个十字路口节点，这里各种店铺密集分布，是古镇内居民日常生活出行的重要公共场所，尤其是那些距离码头较近的十字路口节点商业越繁盛、人流越密集，建筑密度也越大，因此，可以发现在以码头为起点，以石塘中街为走向的聚落中，建筑密度逐渐减小。

四、复合型码头与聚落肌理的关系

（一）复合型码头与肌理骨架

在聚落骨架层面，复合型码头与自然岸线形成了聚落沿海边缘的道路骨架，码头是山岙聚落中最集中的集散空间，对聚落骨架的生成有重要的影响。码头是沿岸线的基础建造而成的，因此码头的形态也基本与岸线一致。多个海湾的连续促进了不同海湾对应聚落之间的交流与往来，使得商业空间得到发展，在沿着海湾平行码头的方向形成渔市等商业空间，在垂直码头方向则形成深入聚落的街巷，码头本身与纵横交错的街巷奠定了聚落的肌理骨架，随后民居填充剩余的空间，形成了整个聚落肌理。

例如，箬山的渔业促进了东海村、东山村这两个聚落的发展，聚落沿着码头不断蔓延，使得原本分隔的两个聚落沿海岸线相汇，并且形成了沿海湾的街巷。同时也使得海岸线不断外移，最终两个码头相连发展成一个大型的渔业码头。码头的合并使得两个聚落之间的关系也变得更密切，两个聚落也不断向中间的山地延伸，最终使两个原本完全分隔的聚落成为一个多村落群聚型聚落（图4-20）。

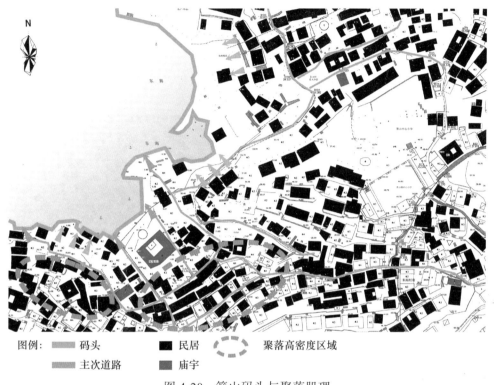

图例：　▨ 码头　　　　■ 民居　　　　⬭ 聚落高密度区域
　　　　▨ 主次道路　　■ 庙宇

图 4-20　箬山码头与聚落肌理

石塘码头随着原老街码头的发展，逐渐辐射到海湾对面的小沙头村，与小沙头村的小码头沿海湾北侧相连，形成了一个大型的复合型码头，整个码头连成了一个"几"字形，从而改变了整体聚落的骨架形态（图4-21）。在码头组合过程中，聚落肌理也产生了变化，在石塘码头北侧，两个聚落呈线性连接，多条道路沿着码头的方向平行布局，并与石塘滨海前街、小沙头村主干道相连。

（二）复合型码头与肌理方向

码头作为主要的货物集散场所，对于聚落商业街巷空间发展具有主导的影响力，这类渔业聚落以货物集散为主要商业模式，一般道路与街巷体系会因方便集散而先生成，然后随着住居在道路之间的"填充"，形成了一块一块的商业居住街区，因此，在这一类聚落中，聚落肌理的方向性一般会延续街巷道路的走向。[①]复合型码头对大型聚落方

① 王挺.浙江省传统聚落肌理形态初探［D］.杭州：浙江大学，2011.

向性的影响主要作用于沿海湾一带的聚落组团，并间接影响聚落整体的方向，形成了以多个小海湾码头为核心的组团布局形态。在沿海组团中，聚落以码头为中心，面朝码头多层次半围合布局，形成面状的肌理分布；在海湾的连接处，则以海岸为走势，面朝大海，以线状形态连接海湾间的聚落。由于大型聚落由多个村落交融组成，码头成为整个大型聚落的公共空间与集散场地，但同时这类聚落分布深入山岙，位于聚落深处的民居与码头的距离相对较远，只能通过街巷与之相联系，因此贯穿聚落的主要街巷的方向皆朝向码头。

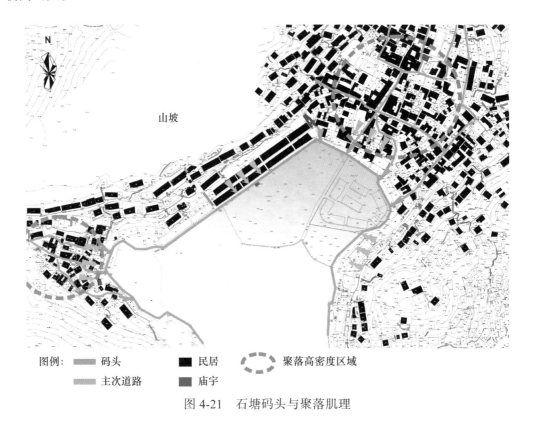

图 4-21　石塘码头与聚落肌理

　　在箬山码头中，东海村聚落最早的码头便是在东海村海湾的滩涂地，其向山岙方向内凹且口径较小的湾口成为早期渔民停泊渔船的良港，之后滩涂填筑建造了天后宫，码头也随之外移，在天后宫正前方建造石头驳岸，作为早期的砖石码头。聚落以码头与天后宫为中心，面朝码头三面围合布局，整体呈"凹"字形。东山村聚落则主要位于山地半坡与山顶平地，聚落外围建筑同样朝向码头布局，两个聚落之间以沿海湾的街道相连接。

　　石塘码头与小沙头村码头相连，海湾西北侧成了石塘的西码头，并逐渐填海建造民居，形成线状聚落。这些民居主要沿着西码头平行布局，形成了三排平行的民居，其中两排位于平缓区域，一排位于地势较高的半坡处，三排民居统一背山面海，其方向皆面向码头。石塘老街的主要道路皆通向码头，同时小沙头村的主要道路也与码头相连接，在整个石塘码头的影响下，三面的聚落方向性皆为朝向海湾码头，聚落从三面紧紧包围码头与港湾。

（三）复合型码头与肌理疏密性

聚落在复合型码头的影响下，形成了沿海多中心的肌理组团分布，以码头为中心形成渔业、商业与民间信仰等公共空间组团，聚落整体形成主次多中心布局的形式，其中以码头为主中心，街巷节点、庙宇为次中心，主次中心之间以主要街巷相连。主次中心附近聚落建筑密度较高，中心之间则以住居填充，建筑密度相对较小，远离中心的聚落边缘则建筑密度较小。

作为一个天然的避风良港，箬山码头有着得天独厚的地理优势，聚落也在码头附近聚集发展，因此处海浪的平静，聚落外围建筑与海的距离非常接近，甚至靠近滩涂建造石屋，沿着海湾紧紧分布。天后宫与庙前广场及码头成了聚落的核心，每逢渔季渔船回港，成百上千渔船在码头停泊，靠岸卸货，码头附近随处都是鱼贩摆摊售卖新鲜水产，场面热闹非凡。除此之外，东海村西侧山坡顶部与东侧山岙中心是早期聚落中心，合院密布，东山村山顶聚落则以庙宇为中心形成住居组团，各组团之间以街巷相连。

石塘聚落在码头影响下同样也形成了主次中心组团的聚落肌理。原石塘老街码头是聚落的主中心，与之相对的小沙头村码头则规模较小、渔船数量也较少，是石塘海湾的一个次中心，因此石塘聚落在海湾码头沿岸形成了主次两个聚落中心。两个中心附近的聚落密度相对较高，聚落肌理布局主要呈自然生长的状态，分布紧密，聚落肌理主要以合院与单体建筑组合而成，呈点状与小块状的形态。而两个聚落中心连接处，即石塘西码头处的聚落密度则相对较低，建筑布局呈有规划的行列式分布，建筑横向紧贴，10户左右为一个行列组团，前后排建筑间距相同，肌理为条状形态。

第四节　本章小结

本章首先介绍了石塘传统的生产方式，主要是海洋渔业、盐业、制冰业、手工业及商业，以及各产业的历史沿革与具体生产方式。其次石塘聚落的肌理关系最紧密的生产方式便是海洋渔业，因此详细介绍了渔业生产历史与过程。最后在渔业生产历史与过程对于聚落肌理的形成起到关键性作用的要素是渔港码头，因此总结了渔港与码头的类型，分析了渔港码头与聚落之间的关系，为进一步分析码头与聚落肌理的关系提供了理论支持。

在分析生产要素与聚落肌理的关系时，将石塘片区、箬山片区及钓浜片区的码头划分为背风面码头、迎风面码头、半迎风面码头和复合型码头，并进一步分析不同类型的码头与聚落形成的不同聚落肌理特征，从而探究生产要素与石塘聚落肌理之间的关系。

第五章 石塘聚落肌理中的生活要素

第一节 街巷模式与聚落肌理

居住模式是指一种内在结构稳定的、体系完整的、持久存在的、行将消失的或已消失的居住方式，[①] 而居住与出行是居住模式的重要组成部分，它们在聚落空间中主要体现于民居、街巷空间及交互节点中，在聚落空间中，民居与交互节点共同交融于街巷空间，因此可以将这三方面概括为"街巷模式"。

一、民居的定居发展与聚落肌理的关系

民居是构成聚落肌理的最小基本单元，而民居的定居决定了肌理发展的初始形态，民居的发展则促使了聚落肌理的生长，民居的定居与发展与聚落肌理的形成紧密相关。张彤在《整体地区建筑》中写道："定居的概念，在哲学上揭示的是人与场所的基本关系。当一个人实现了定居，他必然处于一个特定的空间之中，同时为某种特定的氛围所浸染，他归属于一个具体的场所，他的肉体和精神在场所中受到庇护。"[②] 社会中人实现定居的方式便是在场地中营建建筑，将松散的场地建构成场所，使人的生活得到保护。[③] 聚落在定居后才能实现发展，从而形成特定的街巷模式。

聚落民居在定居阶段与发展阶段，呈现的肌理形态有着明显的不同。在选址上，定居阶段，聚落优先选择山岙缓坡地带及背风面的海湾处；发展阶段，聚落通常由缓坡地带向陡坡发展，由背风面逐渐向迎风面发展。在民居建筑形式上，定居阶段的民居建筑以三合院、四合院为主，建筑面积与院落进深较大，建筑院落组合布局相对规整，聚落

---

① 郑伟. 不同居住模式的邻里空间原型的比较研究：以北京四合院、李坑村和社区为例 [D]. 北京：北京服装学院，2010.

② 张彤. 整体地区建筑 [M]. 南京：东南大学出版社，2003.

③ 林志森. 基于社区结构的传统聚落形态研究 [D]. 天津：天津大学，2009.

密度较小，人们的生活与院落空间结合更紧密；而发展阶段的民居合院数量减少，民居建筑形式主要为"一"字形单体建筑，建筑面积较小，分布紧密，建筑密度较大，布局受到地形的影响较严重，逐渐形成了山地陡坡聚落肌理。

二、街巷空间与聚落肌理的关系

传统聚落的街巷空间反映着聚落的居住模式，是人们进行交往活动的主要空间载体，是组成聚落肌理骨架的最主要因素，在聚落发展中能够直接影响聚落肌理的形态。在传统城镇中，街巷是城市的基本组成部分，形成城市的基本骨架，而街市则勾画出城镇的轮廓，描绘了市民的集体生活；居住巷道则揭示出城镇的细节，体现聚落居民的邻里生活。街巷具有双重功能，一方面可以组织交通，另一方面提供了一个社会生活的场所。[①]如果说街道是聚落的动脉，那么巷道则是聚落的毛细血管。街道是古镇居民的公共生活空间，里巷则相对私密，连接院落与街道，是邻里之间的活动交流空间。

李晨曦等在《湘江沿岸传统聚落街巷空间形态研究》中将传统聚落街巷空间形态的肌理划分为自然生长型与规划生长型两类，石塘传统聚落街巷根据聚落地形的差异，其生长模式也同样可以分为自然生长型与规划生长型两类。

同时石塘聚落基本都分布于山地之中，在聚落定居阶段，聚落主要分布于地形相对平坦的缓坡区域，街巷空间的发展受自然地形条件的影响较小，更多的是受到人为规划的影响，形成相对规整的街巷空间；但是聚落发展阶段，大部分聚落分布于陡坡区域，街巷空间也是受自然条件的影响而随着聚落的发展逐渐形成的，"自然生长型街巷空间顺应当地的自然环境，随自然环境的发展而自发演化而成"。[②]因此，将石塘聚落的街巷空间按照地形条件划分为缓坡型街巷空间与陡坡型街巷空间这两类（图5-1）。

（一）缓坡型街巷空间

缓坡型街巷空间指的是在聚落地势平缓的区域（如山坳缓坡、山顶缓坡等）中形成的街巷空间（图5-2），其处于聚落中相对优越的地理位置，许多宗族发展优先选址于此，因此，缓坡型街巷空间也是依托于聚落宗族关系的发展演化而形成的。大部分传统村落的发展是自然生长的结果，小型村落基本缺少人为规划的街道分区，在缓坡地区，缺少了地形的限制，街巷的形态相对自由，而主导街巷布局的是聚落中宗族的大型合院的选址。

---

① 苏宏志、陈永昌.城市成长中传统街、巷、院落空间的继承与发展研究［J］.重庆建筑大学学报，2006（5）：70-74+78.

② 李晨曦，周飞碟，付予.湘江沿岸传统聚落街巷空间形态研究［J］.工业设计，2021（7）：125-126.

(a) 缓坡型街巷空间

(b) 陡坡型街巷空间

图 5-1　石塘地区缓坡型、陡坡型街巷空间

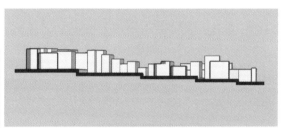

(a) 缓坡型街巷空间　　　　　　　　　(b) 缓坡型街巷空间剖面图

图 5-2　缓坡型街巷空间与剖面图

以石塘东兴村聚落的局部街巷空间为例，分析缓坡型街巷空间的特征及与聚落肌理的关系。东兴村一面临海，三面环山，村落中间核心区域地势平缓，这一区域的街巷空间便属于缓坡型街巷空间。从平面图（图 5-3）上看，聚落中心分布着几个大型合院，合院布局相对自由，街巷则结合合院的位置延伸布局，一共形成北山头路连接上街、箬山南路，以及沿海侧道路这三条主街，三条道路首尾相接围合成一个近三角形，成为聚落核心区域的肌理骨架。合院是构成街巷的主体建筑，"一"字形的民居相间联排分布，与合院共同组成连续街巷空间，两侧民居皆面向街巷。

东兴村村民的住居与街巷空间有着紧密的联系。上街道路弯曲，街巷两侧民居紧密分布，街巷道路两端皆为转折路口，使得上街入口较为隐蔽，因此，街巷内部环境较幽静，为村民提供了一个宜居的空间，由于街巷幽闭、行人较少，道路两侧的居民常在街巷中敲鱼饼、晒鱼面等，街巷空间同时也是村民的劳作场所。东兴村沿海侧的街巷则呈直线形，街巷两侧是密集的"一"字形单体民居，两合院则位于街巷前排民居后侧，以碉楼一层的通道连接合院前院与外部街巷，既保证了合院内的安全性，同时也营造了安静的生活环境。

图 5-3　东兴村局部街巷空间平面图

（二）陡坡型街巷空间

在石塘位于山地半坡的聚落中，山地地势较陡，地形复杂，形成了丰富的陡坡型街巷空间，呈现出与石塘自然山地浑然天成的聚落街巷空间肌理（图 5-4）。以东海村聚落与钓浜红岩村聚落的部分街巷为例，来分析聚落陡坡型街巷空间肌理特征。两个聚落主体都位于山地半坡，因此受山地地形影响较明显，建筑背山面海、沿着等高线布局，聚落中基本没有街空间，主要交通体系由各种形态的巷空间组成。

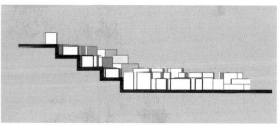

(a) 陡坡型街巷空间　　　　　　　　　　(b) 陡坡型街巷空间剖面图

图 5-4　陡坡型街巷空间与剖面图

东海村聚落街巷空间丰富，分布紧密且形态多样。东海村聚落除了天后宫占据了山岙间大部分平地面积，聚落整体基本位于山岙半坡，地势较陡。从平面图（图5-5）上看，可以看到该聚落民居主要呈联排状分布，每两排民居之间形成通行的巷道，民居主入口基本一致面向巷道，民居之间紧密连接，使得巷道形态具有一定的连续性。巷道以天后宫与山岙为控制条件，呈带状与放射状的形态自然生长，沿着山岙走势布局。巷道基本与等高线相平行，巷与巷之间层层平行分布，并且高程层层递进。街巷空间主要"由直线、折线、曲线三种形态组成"[1]（图5-6），直线形巷道相对较少，主要位于天后宫及大型四合院周围；曲线形巷道是山坡型街巷最主要的形态，分布于山腰半坡，沿着山体等高线自然蜿蜒生长，巷道长度较长；折线形巷道一般分布于山岙等高线折叠处，建筑分布较密集，巷道宽度较窄。

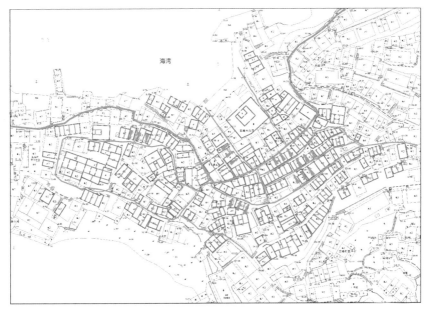

图 5-5　东海村局部街巷空间平面图

(a)直线形　　　　　　　(b)曲线形　　　　　　　(c)折线形

图 5-6　直线形、曲线形与折线形街巷空间示意

① 王磊.新疆喀什噶尔古城传统聚落街巷空间形态研究［J］.装饰，2013（10）：123-124.

聚落中陡坡型的巷与巷之间的连接方式分为两种：第一种是通过台阶连接不同高程的巷道；第二种则是通过巷道自身改变高差，以坡道的形式与其他巷道相汇合。

从街巷剖面图（图5-7）上看，由于聚落地处半坡，民居整体呈背山面海布局，因此巷道基本呈半开敞式，靠山侧为民居正门，靠海侧则为前排民居的后墙，若前后排建筑地势高差较大，则靠海侧为驳坎和前排民居的二层或屋顶。巷道宽度为1~3米，巷道两侧建筑大多为两层，高度为5~6米，建筑排列较为紧密，使得局部巷道极为狭窄，这样的街巷格局不仅能够减弱台风的影响，并且增强了建筑的抗风性，同时还有利于提高聚落整体的防御性。

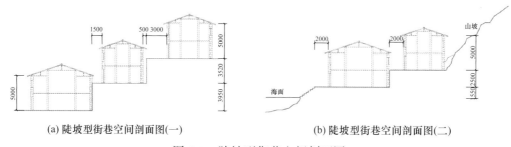

(a) 陡坡型街巷空间剖面图(一)　　　　　　　(b) 陡坡型街巷空间剖面图(二)

图 5-7　陡坡型街巷空间剖面图

对比钓浜红岩村局部聚落，由于该地块山势较陡，民居分布相对分散，以2~6间联排为一组，呈片段式沿着等高线分布，因此并未形成大面积连续完整的街巷空间肌理。民居皆背山面海，民居之间依靠山间道路与台阶连接，前后排建筑间距较大，道路视野非常开阔（图5-8）。

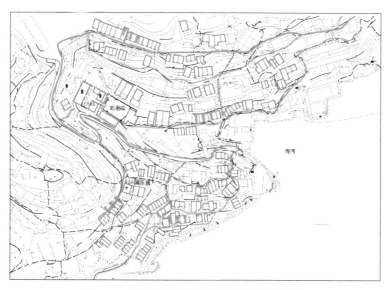

图 5-8　钓浜红岩村局部街巷空间平面图

除了按照街巷所处地形来区分街巷空间，还可以按照街巷在生活居住中的功能，将其划分为商业型街巷空间与居住型街巷空间（图 5-9）。

(a) 商业型街巷空间

(b) 居住型街巷空间

图 5-9　石塘地区商业型、居住型街巷空间

1. 商业型街巷空间

商业型街巷空间指的是街巷有较多商铺，除了街巷本身的居住属性和交通属性，还具有较强的商业属性。在石塘地区，商业型的街巷主要位于集镇聚落，最具代表性的便是石塘老街聚落中部核心区域的街巷空间（图 5-10）。

石塘老街空间的形成受较多人为有意识的规划影响，在聚落发展初期便确定了街巷道路和重要建筑，将聚落划分成不同的区域。从石塘老街聚落街巷剖面图（图 5-11）上看，主要街巷空间基本都位于山岙之间的平地区域，街巷建筑布局相对整齐紧密，街巷的布局有较明确的规划，并且具有区分明显的街道空间与里巷空间，街巷空间受地形影响较小；自平地边缘到缓坡，建筑布局逐渐受到地形的影响，但依旧有较明显的街巷规划，街巷呈阶梯式层层布局，前后排房屋紧密分布，建筑密度较大；随着山坡坡度的增加，聚落街巷空间受到地形因素的影响占据了主导，建筑密度减小，建筑间距增大，布局分散，直到因坡度过高而无法修建民居。除此之外，石塘老街的剖面图反映出在向阳的山坡聚落分布较多，民居建筑体量较大，街巷空间紧密，在背阳一侧的山坡则聚落分布较少，民居建筑体量较小，街巷空间分散。

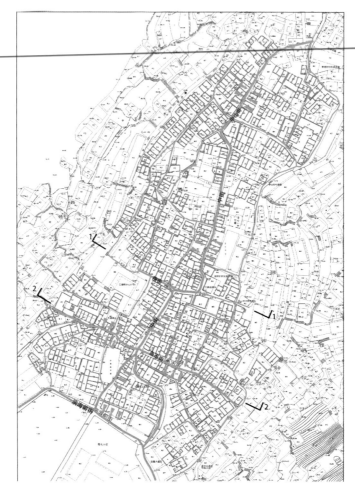

图 5-10　石塘老街局部街巷空间平面

注：1—1 石塘老街聚落剖面图、2—2 石塘老街聚落剖面图如图 5-11 所示。

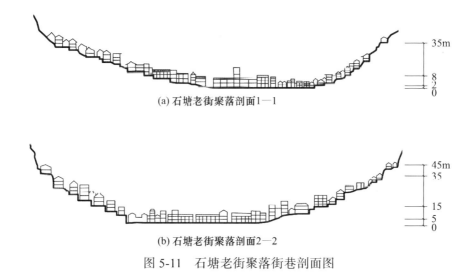

(a) 石塘老街聚落剖面1—1

(b) 石塘老街聚落剖面2—2

图 5-11　石塘老街聚落街巷剖面图

石塘老街的主要街道有中街、中山街、海滨前街、鱼市街、横街及西巷，除此之外从街道向聚落两侧发散并连接民居与院落的道路便是里巷。石塘中街纵向贯穿聚落南北，是石塘老街聚落主要的肌理骨架，整体呈直线，大致可分为两段，在与横街交会处形成丁字路口转折，直到连接北侧中山街形成人字路口，这样规划的目的是防止台风沿着中街长驱直入，折线形的道路更能削弱台风，同时能够提高聚落的防御性。除此之外，在滨海前街与鱼市街之间有一条曲线形街道，其成因是该街道的位置原本是聚落内的溪滩，经填土后改为街道，其"S"形的形态也丰富了石塘老街的聚落肌理。

从平面图（图 5-10）上看，街道两侧的民居都面向街道开门作为商铺，鳞次栉比，商铺开间为 2~3 米，布局紧密，使得街道具有更加浓厚的商业气息。街道宽度最宽为 6~7 米，最窄处则为 1~2 米，例如，石塘老街中街靠近海湾的前半段，宽度极其狭窄，而往北穿过第一个十字路口后，街道宽度突然增大，豁然开朗，如此规划设计的目的同样也是为了阻挡进入聚落的台风，依靠狭窄的聚落入口削弱风力，这也充分体现了石塘早期移民的智慧。从街巷剖面图（图 5-12）上看，石塘老街聚落街道两侧的商铺大多为两层，高度为 5~6 米，街道两侧建筑界面为木构，大面积设门窗，沿街局部有商业外摆，这样的街道空间给人感受比较舒适温暖，且相对开敞。

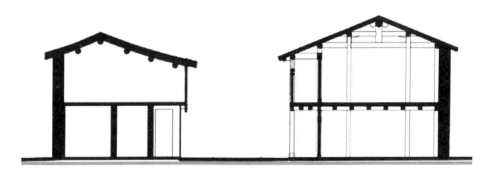

图 5-12　商业型街巷空间剖面

纵横交错的商业街道，将石塘老街聚落划分为一个个相对规整的商住区域，而巷道则是以更密集的形式，以网格状划分居住区内部。在石塘老街街道划分的街区内部，分布着大大小小的合院，合院沿街面主要为商铺，内侧是院落与生活住房，多个合院紧密组合形成一个街区，合院之间通过里巷相互连接，如同一张网将整个聚落紧密串联。里巷的宽度在 0.5~2 米，狭窄的巷道也有助于减少人流，与街道形成鲜明的对比，能够在喧嚣的商业街巷中营造相对安静的居住空间。

除此之外，商业型街巷空间具有较强的连续性，"连续性包括作为垂直界面的建筑立面的连续、作为地界面的街道铺地的连续，以及作为顶界面的街巷天际线的连续，要保证街巷的连续性，要求街巷的组合具有一定的规律。"[1] 从平面图（图 5-10）上可以看到，街道两侧的商铺开间大小基本保持一致，紧密排列；从街巷立面图（图 5-13）上看，街道两侧建筑基本保持同样的层高、同样的坡屋顶、相似但有变化的立面材质，以及富有节奏感的开窗；从地界面上，街巷具有统一的石板路面，这些形式的重复出现，从多方面强化了街巷空间的连续性。

图 5-13　东兴村商业型街巷立面

2. 居住型街巷空间

村落中的普通街巷及商业型街巷内部的居住区巷道同属于居住型的街巷空间。居住型街巷的形态丰富多样，主要受地形的影响，不同地形的尺度与空间差异也较大，因此在平面肌理上，居住型街巷并不具有其独特的肌理特征，但其却是村落中最普遍的，并且是与居民生活方式连接最紧密的街巷空间。

石塘的居住型街巷尺度一般较小，这主要由地形与交通方式决定，山地聚落的主要出行方式便是步行，过去货物运输也主要靠挑夫用担子挑，因此道路设计相对狭窄。居住型街巷空间给人的感受是封闭且幽静，静谧的环境适合居民居住生活，能够减少外界干扰。同时，狭窄幽暗且交错复杂的巷道能够使外来入侵者产生恐惧的心理，增强聚落的防御性能。

例如，里箬村的金涯尾路和鹁鸪咀路是该聚落中的主要街巷，也是比较具有代表性的居住型街巷（图 5-14）。金涯尾路与鹁鸪咀路首尾相连，贯穿里箬村，穿过陈和隆旧宅连接码头，整体形态蜿蜒曲折，街巷空间明显。街巷空间为两侧民居相向的内向型街巷，从街巷剖面图（图 5-15）上看，两侧都为硬质界面，街巷宽度为 1.5~2 米，两侧建筑高度为 5~6 米，作为巷道尺度舒适宜人，不仅是支撑聚落的交通道路，更是村民日常活动交流的重要空间。

---

① 王艳. 秩序与意义的重构：对当前历史街区保护的思考 [J]. 规划师，2006（9）：73-75.

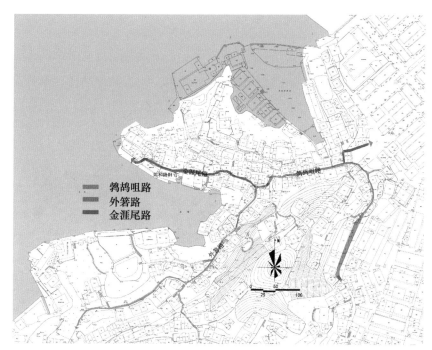

(a) 街巷空间平面(一)

(b) 街巷空间平面(二)

(c) 街巷空间平面(三)

图 5-14　里箬村局部街巷空间平面

图 5-15　居住型街巷空间剖面

三、交互节点与聚落肌理的关系

聚落中的交互节点是街巷模式的重要组成部分，通常是聚落中居民日常活动的重要公共空间，是村民传递社会信息的场所和活动的舞台，与人的生活息息相关，也是聚落肌理的要素之一。石塘聚落中的交互节点主要包括街巷路口、广场以及院落（图5-16）。

(a) 交互节点——街巷路口

(b) 交互节点——广场

(c) 交互节点——院落

图 5-16 石塘聚落交互节点

（一）街巷路口

石塘的街巷路口主要分为街道路口与巷道路口。街道路口尺度较大，人流密集，店铺林立，商业氛围浓厚，如石塘老街的各个路口，其平面形态主要是十字形与丁字形，构成线性街巷空间的节点。里巷路口则是村落内部交通的小型节点，是附近邻里日常寒暄、交流互动的公共空间。街巷路口空间往往也有一些标志性的建筑或者构筑物，如庙宇、古井等，这类标志性构筑物强化了街巷路口的公共属性，也吸引了更多的人流聚集。在平面肌理上，各类街巷路口连接了大小街道与里巷，是聚落肌理骨架的节点甚至中枢，同时街巷路口建筑密度高，且建筑基本朝向路口，使路口空间在方向性上具有一定的向心性，街巷路口成为聚落肌理上的点状中心。

（二）广场

街巷形成的交互节点除了路口空间之外，也伴随着形成了各种形态的广场空间，街巷连接了各个广场空间，同时广场也汇集了村落的道路。庙宇前的广场、码头附近的广场、村落主要道路交会形成的广场等都是村民举行集会、村落民俗活动、请戏班唱戏等活动的重要公共空间，甚至是部分村落的中心场所，如东山村的庙前广场、里箬村的大奏鼓广场、花岙村的戏台广场等。从平面肌理上看，石塘地区的聚落整体布局非常紧密，同时路网密且窄，聚落空间整体内向，因此广场成为聚落中不可或缺的开放型虚空间，均衡了聚落肌理的疏密关系，起到了村落集散的重要作用。

（三）院落

街巷除了连接公共活动空间，同时也连接相对隐私的院落空间。石塘聚落中有较多合院建筑或带院落的单体建筑，其院落空间也是聚落中的重要交互节点。从平面肌理上看，四合院或三合院建筑一般拥有较大的院落，院落进深也较深，作为家族或者邻里的公共空间，是一个聚落组团中比较大的私密型虚空间，是密集聚落中相对宽阔的交互场地，相对空旷的内部院落与狭窄的街巷也在肌理上形成了鲜明的对比，侧面反映出石塘早期居民极其注重院落生活。除此之外，部分沿街巷分布的单体民居建筑，也会在建筑与道路之间留出小型的院落作为自家的活动空间，院落或是下沉低于道路，或是用院墙与道路分隔，形成独立的院落空间。

第二节　淡水体系与聚落肌理

一、石塘聚落的淡水体系

石塘由于地处沿海半岛，缺少淡水河流湖泊，淡水资源相对稀缺，生活用水主要依靠山中积聚的雨水、溪流，需要人工挖凿水井、建造蓄水塘与水库来支撑淡水供应，因此，淡水体系是石塘聚落中的重要生活要素。

《农政全书》言："井，池穴出水也。《说文》曰，清也。"在对石塘聚落研究中的水井指的是古代修建的水井。水井是传统村落的重要组成，分布于村落中的各个位置，是石塘聚落供水体系中与人生活联系最直接、最紧密的部分。聚落中的水井主要分为公井与私井，公井一般位于村落的各个节点，如街巷交叉路口、村中小广场；私井则一般位于住宅内院，而能够开凿私井的一般也是村中较大的家族，所以私井大多位于较大型的合院院落中。

山岙之间容易形成溪流，溪流也为村落提供了部分淡水资源，因此溪流附近往往聚落分布紧密，但山间溪流水量较小，且随天气变化较大，并不是稳定的淡水渠道。然而，靠近山区溪流处地下水资源丰富，这也是打井的理想位置，这些位置可以调节水井水位，[①] 因此山间溪流也为村落水井提供了一定的水源，例如，粗沙头村中有一溪流穿过，溪流的河滩上土质疏松，地下水丰富，有利于打井，这也是粗沙头村相比其他无溪流的村落水井数量更多的原因。

蓄水塘是人们利用山岙较大的落差与三面的山体，在剩余一面砌筑堤坝，围合成水塘蓄水。蓄水塘的蓄水来源主要依靠雨水及山地渗水，其所蓄淡水主要用于农业浇灌，而生活用水则主要依靠水井。蓄水塘一般位于村落边缘的山脚，贴合山体而建，与聚落相对距离较远，且由于石塘的蓄水塘基本建成于 20 世纪 70 年代，与聚落的发展及肌理的形成关系较小，因此，本书不再分析其与聚落肌理的关系。

水库是现代人们为了储蓄淡水资源在山间修筑的，水库的选址基本是位于相距聚落较远的山地之中，与聚落位置较远，并且水库修建年代较近，因此，本书不再分析其与聚落肌理的关系。

二、水井空间布局与聚落肌理的关系

在石塘传统生活中，村民的日常生活都与水井息息相关，围绕着水井生活。村落中有大小各异的水井，杨文斌、韩泽宇在《传统村落水井空间研究》[②]中指出，水井与水井之间形成了井区的概念，以街巷为单位，水井与水井所在的街巷形成了一个近似封闭的生活空间，这实际上是一次地域认同的强化过程。据此可以看出，水井的分布对传统村落的结构能够产生非常重要的影响。对于聚落中的公井，使用同一口公井取水的村民

---

① 陈永林，张爱明，柴超前，等.客家聚落水井的文化地理学诠释：以赣县白鹭村为例［J］.赣南师范大学学报，2017，38（4）：33-39.
② 杨文斌，韩泽宇.传统村落水井空间研究［J］.山西建筑，2017，43（4）：6-7.

一般不会去使用不属于自己井区的水井，每一口水井有其相对固定的使用者，使用者对于自己使用的水井有一定的私权，因此，水井的合理分布也使得聚落产生了合理的用水秩序，并且通过水井的联系，增进了村民的感情，维系了邻里的关系。

石塘传统聚落中分布着大量的古井（图 5-17），以东兴村与粗沙头村为例，来分析水井的空间布局与聚落肌理的关系。

图 5-17　石塘地区部分古井现状

（一）水井沿道路分布特征明显

村落中的水井有沿着村落主次干道分布的明显特征。以村落主次干道为中心，以距离道路左右两侧各 10 米的范围为边界，得到东兴村与粗沙头村聚落中水井分布与道路的关系图（图 5-18），并根据测绘结果得到以下表格数据（表 5-1、表 5-2）。根据图表显示，东兴村一共有 29 口水井，其中距离主次干道 10 米以内的水井有 18 口，剩余 11 口水井与道路的距离大于 10 米、小于 50 米；粗沙头村一共有 12 口水井，其中距离主次干道 10 米以内的水井有 10 口，剩余 2 口水井中有 1 口距离主次干道 10.5 米。

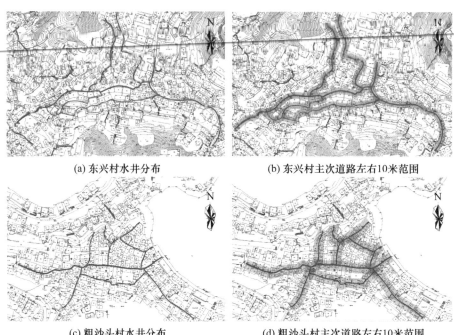

(a) 东兴村水井分布 　　　　　　(b) 东兴村主次道路左右10米范围

(c) 粗沙头村水井分布 　　　　　(d) 粗沙头村主次道路左右10米范围

图例： ● 古井 　　　　▨ 主次道路左右10米范围
　　　 ── 主次道路

图 5-18　东兴村、粗沙头村水井分布与道路关系

表 5-1　东兴村水井与最近道路距离

水井编号	1	2	3	4	5	6	7	8	9	10
与最近道路距离 / 米	1.0	12.5	9.6	2.4	1.5	9.2	1.3	0.5	2.0	10.0
水井编号	11	12	13	14	15	16	17	18	19	20
与最近道路距离 / 米	30.0	32.5	40.0	5.6	1.8	15.7	11.5	45.3	22.5	35.0
水井编号	21	22	23	24	25	26	27	28	29	
与最近道路距离 / 米	10.0	0.5	8.6	20.2	16.3	9.8	2.5	1.0	7.8	

表 5-2　粗沙头村水井与最近道路距离

水井编号	1	2	3	4	5	6	7	8	9	10
与最近道路距离 / 米	5.5	9.6	10.5	0.2	1.5	7.8	2.0	3.0	0.5	10.0
水井编号	11	12								
与最近道路距离 / 米	9.5	13.0								

　　可见，村落中的大部分水井都是沿着村落主次干道分布的，同时，在主次干道的交会路口，通常分布着较大型的公井，取水距离和凿井条件决定了这样的布局方式。在山

地聚落中，道路崎岖，运输方式十分单一，村民生活用水主要的运水方式是用桶担水，因此水井靠近村落里的主次干道有利于村民日常汲水。

（二）水井于村落中心分布特征明显

水井在聚落中的位置除了靠近主次干道，同时也主要分布于村落中心。东兴村的29口水井中有22口位于聚落中心区域，只有4口水井位于聚落边缘；粗沙头村的12口水井则都位于聚落的中心区域。如此选址的原因如下：一方面，靠近聚落中心而非紧贴边缘挖井可以使得水井覆盖包括聚落边缘的更多民居；另一方面，聚落边缘一般位于地势较高的山坡或海岸附近，山坡挖井需要挖得更深才能挖到水源，耗费劳动力，而海岸附近地下水盐分过高，无法作为饮用水，因此水井选址一般位于地势较缓且离海岸有一定距离的聚落中心区域。

再以水井为圆心，直径50米为水井覆盖范围（图5-19），可以看到，水井基本覆盖了整个东兴村及大半个粗沙头村。一个以水井为中心的直径50米圆大概可以覆盖10~15户人家。通过图5-19可以看到水井之间保持一定的距离，不至于太过密集也不至于太分散，以此保证一定范围内的村民使用。此外，水井与合院建筑之间的分布也较为紧密，这是由于在聚落发展初期，村落中心区域建造了较多的合院建筑，同时期也在合院内部或外部附近挖凿了较多水井。

(a) 东兴村水井覆盖范围及水井分布　　　　(b) 东兴村水井分布与合院关系图

(c) 粗沙头村水井覆盖范围及水井分布　　　　(d) 粗沙头村水井分布与合院关系图

图例：　● 古井　　　⬤ 古井为圆心直径50米圆范围

　　　　▨ 合院民居

图 5-19　东兴村、粗沙头村水井覆盖范围及水井分布与合院关系图

在村落内部，公共水井所在的位置往往成为村落的公共节点空间。该空间的组成一般包括井身、井圈和井台，以此限定了水井的范围。石塘的水井大多为圆形井身，由石块砌筑，井圈形式多样，有四边形、六边形、八边形，由青石板或白石开出榫头拼合而成，井圈高 60 厘米左右，井口直径大的达到 2 米，小的则不足 1 米。水井节点空间一般位于道路交叉口、院落门口，道路交叉口的水井往往具有更明显的公共空间属性，附近村民往往在水井边趁劳作间隙寒暄问候、聊天歇息，是一个小型的交流聚集空间。

第三节　防御体系与聚落肌理

"为了安全，人多容易保卫"[①]是费孝通先生对中国乡村"聚族而居"组织特征原因的一种理解，中国传统聚落一般都具有其自身的防御属性。"倭之来在海，或仗我中国人为舶主，彼登陆又仗我中国人为地主。盖倭以剽劫我中国人为利；而我中国人则往往以得主倭为利，浙直皆然，闽为甚，闽之泉漳尤甚"[②]。在明嘉靖年间的中国东南沿海区域，倭寇土匪猖獗，多有渔民因渔汛歉收转而为盗，明清以来多海盗，至民国时期，土匪盗贼情况更为严重，"民国创立后，没有一片区域没有土匪，没有一年土匪偃旗息鼓"[③]。为防匪患，石塘的村落地主及一些大家族纷纷建立碉楼，各种形式的碉楼是石塘聚落防御体系中最重要的组成部分之一，分析碉楼及其选址布局的特征对研究石塘聚落具有较大的意义。

一、石塘碉楼的特征

"中国的碉楼主要是作为乡村或住宅的防卫建筑而存在，民间对它的称呼是'炮台'，或'炮楼'。同时，不同地区不同民族又有很多不同的称呼"[④]。石塘碉楼在当地又被称为"炮台"，但并非官方军事意义上的炮台，而是人们自发修建的民居的附属建筑，也就是建筑学上的碉楼。石塘地区碉楼基本属于家族所有，建造碉楼的主要目的是保护家族安全。这与赣南围屋的碉楼、闽西土楼相同，而川西羌、藏族聚居区的碉楼多为村落共同修建，主要为了保护村落整体安全。石塘碉楼根据其使用功能可分为纯防御性碉楼和宅碉一体碉楼。

---

① 费孝通. 费孝通自选集［M］.北京：首都师范大学出版社，2008.

② 郑镛. 明代漳州倭患与民众抗倭［J］.闽台文化交流，2006（3）：29-33.

③ 贝思飞. 民国时期的土匪［M］.2 版.徐有威，等译.上海：上海人民出版社，2010.

④ 张国雄. 开平碉楼的类型、特征、命名［J］.中国历史地理论丛，2004（3）：24-33.

（一）纯防御性碉楼

纯防御性碉楼指的是纯用作防御的建筑，只用作放哨、射击，以及特殊时期躲避。这种形式的碉楼体量较小，占地面积为 10~20 平方米，高为 3~5 层，外墙为石材砌筑，内部为木结构，一般为四坡屋顶，也有平屋顶的形式。碉楼每层设置射击孔，射击孔外侧为孔，内侧为方漏斗形，同时碉楼每层开小窗，窗洞口形式多样，有方窗、拱券窗、火焰券窗等，窗洞一般也是外侧小，内侧大，便于射击时调整角度（图 5-20）。在平面上，石塘的纯防御性碉楼基本都呈方形，相比川西羌、藏族碉楼的四边形、五边形、六边形、八边形等多种平面形式，显然石塘碉楼要单一得多。在立面上，石塘的纯防御性碉楼收分明显，外墙内倾，层数多为 3 层和 4 层，少数碉楼高 5 层，碉楼的层高一般在 3 米以内，因此其总高度大致在 5.5~15 米之间，[①] 这与羌族高碉、开平碉楼的高度相差甚远。

(a) 碉楼射击孔的外侧与内侧　　　　　　　(b) 碉楼窗户的外侧与内侧

图 5-20　碉楼射击孔与窗户

根据纯防御性碉楼所处的位置，其可分为合院附属碉楼和过街碉楼。

1. 合院附属碉楼

石塘的合院附属碉楼是作为主体建筑的附属部分而存在的，主体建筑一般是在功能上作为居住或商用的建筑，其主体建筑形式多为四合院、三合院或一字形的商住混合建筑，碉楼则一般位于合院的边缘或作为单体建筑存在。与赣南围屋和闽西土楼相似，大部分都与院落连在一起，附属于院落或围屋。[②] 这种形式的碉楼外观皆为方形，高 3~5 层，石材砌筑，为四坡屋顶或平屋顶，窗户形式多样，顶层局部或用红砖作装饰。如陈和隆宅碉楼［图 5-21（a）］、东兴村上街路 33-35 号碉楼［图 5-21（b）］、桥头 012 号碉楼［图 5-21（c）］等。其中陈和隆宅碉楼位于石塘镇里箬村金涯尾路西侧，是清末石

① 郑琦.台州碉楼建筑保护策略［J］.台州学院学报，2022（1）：26-31.

② 张国雄.中国碉楼的起源、分布与类型［J］.湖北大学学报（哲学社会科学版），2003（4）：79-84.

塘大渔行主陈和隆所建，高 5 层，为平屋顶，顶部有一层胭脂砖装饰，建筑靠近陈和隆住宅码头，连接住宅内部与院落。陈和隆旧宅由花园、碉楼、前楼组成，碉楼与前楼紧密相连，能够在有匪情时及时传递消息。

2. 过街碉楼

过街碉楼指的是建造于临街处，首层跨过街道作为路廊或是作为进入宅院的门洞的纯防御性碉楼。在过街碉楼的首层门洞设门，平时常开，危险时期则关闭，以保护街巷内部安全，其功能与五邑侨乡碉楼中的"门楼"非常相似。过街碉楼外观除了首层开较大门洞，其余与合院附属碉楼相近，但从现存过街碉楼看，鲜少用红砖装饰。如粗沙头村 C 区 126 号过街碉楼［图 5-21（d）］、粗沙头村 C 区 083 号过街碉楼［图 5-21（e）］、东兴村下街路 023 号碉楼［图 5-21（f）］等。其中粗沙头过街碉楼高 4 层，建筑为木石结构，底层中空，横跨粗沙头街，占地面积约为 10.4 平方米，高为 7.5 米，墙体用石块砌筑，屋顶形式为四坡顶，开方形窗，并设置有长条形射击缝，碉楼底层开门，形似路廊，过街楼的二层与民居相连通。

(a) 陈和隆宅碉楼　　　　(b) 东兴村上街路33-35号碉楼　　　　(c) 桥头012号碉楼

(d) 粗沙头村C区126号过街碉楼　　(e) 粗沙头村C区083号过街碉楼　　(f) 东兴村下街路023号碉楼

图 5-21　石塘地区部分纯防御性碉楼现状

（二）宅碉一体碉楼

宅碉一体碉楼指的是兼具防御与居住功能的碉楼。石塘的宅碉一体碉楼与五邑侨乡的"居楼"存在着较多相似之处，两者都是个人家族独立建造，并同时具有居住与防御的功能。在危险时期一家数口人可以在碉楼里生活一段时间暂避。其平面相对更大，可以达到30~100平方米，开间数较多（图5-22）。石塘宅碉一体碉楼同样可分为独立型与合院附属型两种。

(a) 胜海村71号民居

(b) 粗沙头村双碉楼

图 5-22　石塘地区部分宅碉一体碉楼现状

1. 独立型宅碉一体碉楼

这种形式的宅碉一体碉楼本身就是独立完整的建筑，与川西羌、藏族碉楼和五邑侨乡碉楼相似，独立于村中或村外。独立型宅碉一体碉楼建筑体量较大，多为三到五开间，高2~4层，屋顶为四坡顶，立面每开间开窗，窗洞面积比纯防御性碉楼大，且排列整齐，整座建筑看起来坚实稳固。如胜海村 71 号民居〔图 5-22（a）〕，该碉楼位于胜海村海湾口，建于民国时期，高 2 层，四开间，墙身为块石砌筑，两层均为排列的拱形窗，四层各开间均设方形枪眼，同时，由于其位于聚落入口扼要之处，在守卫自身安全的同时，也在一定程度上起到了聚落的公共防御作用。

2. 合院附属型宅碉一体碉楼

这种形式的碉楼与纯防御性的合院附属碉楼相似，附属于合院。但在功能上，较大的面积使得其同时具有居住与防御的功能。合院附属型的宅碉一体碉楼同样面积较大，为两到三开间，但相比独立型宅碉一体碉楼较小，立面较少装饰，建筑整体同样比较坚实。如粗沙头村双碉楼〔图 5-22（b）〕，建于民国时期，是一组对称布局的碉楼，中间形成院落，碉楼平面为长方形，单座碉楼占地面积约为 45 平方米，横向三开间，面积较大，高约 9 米，共 3 层，皆为四坡顶，墙体用规则的石块叠砌，开方形窗，并开有长条形射击缝。该碉楼为民国时期粗沙头地主林班臣自建，兼具防御与居住功能。据当地村民口述，粗沙头村双碉楼所在位置原为一个合院式建筑，分别建于东西厢房的两侧，连接后门。

二、碉楼布局特征以及与聚落肌理的关系

通过实地调研，作者走访了石塘的十多个传统聚落，记录碉楼所在位置与周边建筑的关系，得到各个村落的碉楼分布情况，总结石塘碉楼的布局特征及其与道路的关系，并进一步分析石塘碉楼与聚落之间的关系（图 5-23）。

(a) 粗沙头村　　　　(b) 东兴村上街路　　　(c) 中心村C区　　　(d) 中心村
某四合院碉楼　　　　33-35号碉楼　　　　525-533号碉楼　　　王小宝炮楼

图 5-23　碉楼与合院的关系

（一）碉楼与宅院及周边道路的关系

石塘的大部分碉楼作为纯防御性建筑，其占地面积相比一般民居建筑要小很多，在

平面肌理上，可以把碉楼视为"点"；碉楼基本上附属于三合院或四合院，合院的整体面积远大于普通的一字形民居。碉楼与所属宅院组合布局，形成多种不同的空间组合方式，以对应的石塘碉楼为例，分析碉楼与宅院及周边道路的关系。

第一种常见的组合方式是碉楼完全嵌于宅院，位于合院的一角，在平面上与宅院平面完全融合，从宅院的屋顶突出于宅院建筑。粗沙头村的一处大型四合院的碉楼位于四合院靠近海湾与道路交叉口的一角［图 5-24（a）］，并高出于合院屋顶一层。分析其周边道路，碉楼位于海湾进入聚落的垂直道路十字路口附近，碉楼成为该区域的重要关卡。

第二种常见的组合方式是碉楼局部嵌于宅院，局部突出于宅院主体建筑之外。如东兴村上街路 33-35 号碉楼［图 5-24（b）］，该碉楼位于民居宅院后侧，平面嵌入民居 0.5 米左右，民居高 2 层，碉楼高 5 层，远高于宅院主体建筑，屋顶为四坡庑殿顶，墙体用石材，顶层用红砖，颇有闽南风格，在立面与空间上是聚落的标志性建筑。在与道路的关系上，该碉楼位于合院背后的主要丁字路口附近，且所处地势较高，碉楼具有更好的瞭望视野。

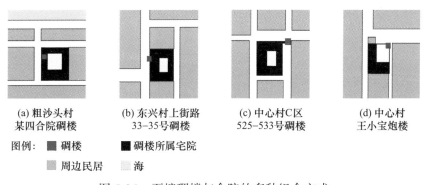

（a）粗沙头村某四合院碉楼	（b）东兴村上街路33-35号碉楼	（c）中心村C区525-533号碉楼	（d）中心村王小宝炮楼

图例： ■ 碉楼　　■ 碉楼所属宅院

　　　 ■ 周边民居　　■ 海

图 5-24　石塘碉楼与合院的多种组合方式

第三种常见的组合方式是碉楼与宅院脱离，用廊道连接，一般于二层设置廊道，一层则完全脱开，这样有利于提高其防御性。如中心村 C 区 525-533 号碉楼［图 5-24（c）］，该碉楼位于四合院东北角院落外，高 4 层，与主体院落首层脱开，中间留有巷道，二层通过廊道与主体建筑二层相连（图 5-25）。在与道路的关系上，该碉楼位于宅院东侧靠近石塘中街的重要十字路口处，宅院路口的四个方向皆在其视野范围之内。

第四种常见的组合方式同样是碉楼与宅院脱离，但两者通过院落围墙连接，碉楼位于院落内，作为院落的角楼，通过院墙将碉楼围合进院落。如中心村王小宝炮楼［图 5-24（d）］，该碉楼高 4 层，与主体建筑分隔较远，院墙连接碉楼，使碉楼成为院落一角，一半在院落内部，另一半在院落外侧紧邻道路。该碉楼同样处于两条主干道交会处的丁字路口附近，能够及时观测三个方向的敌情，保证宅院及周边区域的安全。

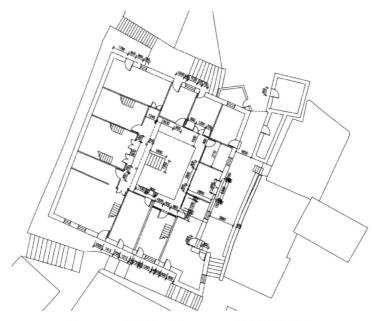

图 5-25　中心村 C 区 525-533 号碉楼平面图

（二）碉楼的空间布局特征

通过对石塘碉楼分布情况的分析，可以看到碉楼有比较明显的集群分布特征，并主要集聚于聚落中心与聚落近海处。以现存碉楼数量较多的粗沙头村、石塘老街和东兴村为例，粗沙头村现存 10 座碉楼，其中有 8 座碉楼分布于粗沙头村落中心区域，且 5 座碉楼彼此相邻不过数十米；石塘老街现存 7 座碉楼，其中有 4 座分布于聚落中心，2 座相邻分布于近海湾处；东兴村共有 5 座碉楼，其中 1 座为宅碉一体碉楼，另外 4 座碉楼则相邻集群分布，并且有 3 座分布于该聚落最中心的上箬路两侧。

碉楼集群分布对于聚落而言能够起到群体公共防御的作用。众多传统聚落都有公共防御的安全需求，并以此为基础形成聚落防御功能单元，防御功能单元指的是构成区域防御功能格局的基本单元，村落内部具有一个完整的防御体系。例如，在开平古村落中，由更楼、众楼和居楼等几种不同类型的碉楼共同构成"公共防御—个体防御"体系，其中主要由更楼起到公共防御的作用。在空间布局上，更楼具有"多点集聚"的特征，绝大部分的更楼分布于要道附近，开平的村落分布较为分散，聚落依靠低山丘陵区域的道路组织对外交通，主要道路与村落的距离较近，盗匪能够快速掠夺与撤退，因此更楼具有扼守村落中关键的水陆交通节点的作用，在出现匪患的紧急时刻能够及时发送警报疏散村民并迅速组织御敌。[1]

石塘碉楼在公共防御方面与开平碉楼有较多相似之处。其中石塘过街碉楼与开平更楼相类似，其一般也位于聚落的主要道路入口处，能够起到扼守道路的作用，在紧急时刻发出预警，保护街巷内部的聚落安全。以石塘粗沙头村为例，多座碉楼集群分布于聚落中心，两座过街碉楼分别位于两条主干道进入聚落核心区域的入口处，过街碉楼在紧急时关闭楼门可阻挡盗匪进入街巷内，并在碉楼上可直接射击御敌，起到公共防御的作用（图5-26）。

图 5-26　粗沙头村碉楼分布图

此外，石塘的合院附属型宅碉一体碉楼一般也位于道路路口附近，并通过几个合院的空间组合，各个方位的碉楼能够扼守不同方向的道路，防止盗匪进入，全方位保护该区域的安全。如石塘老街中心的4座碉楼（图5-27），它们分别位于四个方位的道路路口，4座碉楼连线呈近似正方形，彼此距离相近，除了保证碉楼所在的合院住宅安全，同时也为该区域附近的民居起到了保护作用。同样，小沙头村的几座碉楼也皆邻近聚落要道，如此选址布局，除了个体防御，也能起到公共防御的作用。

① 梁雄飞，阴劼，杨彬，等．开平碉楼与村落防御功能格局的时空演变［J］．地理研究，2017（1）：121-133.

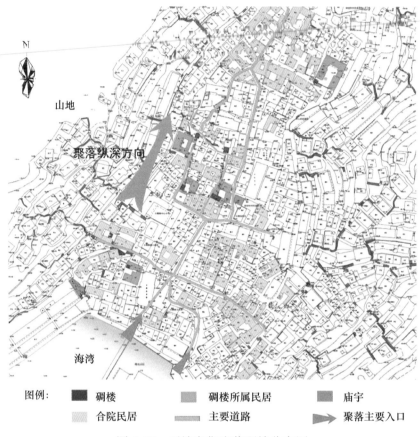

图 5-27　石塘老街聚落碉楼分布图

图例：　■ 碉楼　　　■ 碉楼所属民居　　　■ 庙宇
　　　　■ 合院民居　　　■ 主要道路　　　➤ 聚落主要入口

　　根据石塘的现状，若是一个聚落中碉楼数量较多，大部分会集中分布于聚落中心的位置。究其布局原因是聚落中心一般是聚落形成早期地理条件相对优越的位置。聚落中较大的宗族会优先选址于此，而能够有人力与财力建造碉楼的也往往是这些宗族，因此早期的大型合院一般都集群分布于聚落核心位置。而碉楼作为合院的附属建筑，在聚落发展过程中也在一定区域内呈现集群分布的特征。

　　此外，部分碉楼位于距离海岸较近的区域，而靠山一侧的聚落深处，则基本无碉楼分布。如此选址布局主要是由于土匪海盗一般自海上而来，碉楼建于近海的区域，能够起到在入口阻挡盗匪进入的作用，而靠山一侧则相对安全。例如，东兴村的 4 座纯防御性碉楼皆集群分布于聚落近海处（图 5-28）；东海村在聚落海湾入口有一座大型的宅碉一体碉楼［图 5-29（a）］，小沙头村靠海岸处的中心位置也同样建有一座碉楼［图 5-29（b）］。

　　在碉楼集群分布的影响下，聚落呈现出中心区域与近海区域建筑密度相对较低，建筑单体较大，以及布局较规整的聚落肌理特征。也因为较大型合院在这些区域的集中分布，使得聚落中心与近海处的建筑密度相对偏低，肌理形态较规整。

图 5-28　东兴村碉楼分布图

(a) 东海村碉楼分布　　　　　　　　　　　　(b) 小沙头村碉楼分布

图 5-29　东海村、小沙头村碉楼分布图

　　石塘古镇拥有极具特色的传统石屋聚落，而碉楼作为石屋聚落最重要的防御体系组成部分，对聚落有着重要的意义。与赣南围屋、闽西土楼、川西羌、藏族碉楼和五邑侨乡碉楼等国内其他地区的防御性建筑相比，石塘碉楼具有一定的特殊性。赣南围屋碉楼仅建造于宅院四角或其中一角，碉楼主要作为瞭望台；闽西土楼主要依靠土楼自身构造起到防御作用；川西羌、藏族碉楼则是碉楼与碉房联合防御，碉楼完全独立；五邑侨乡碉楼可分为更楼、众楼和居楼，更楼为群体防御的纯防御性建筑，数量最多的众楼和居楼则是满足个体防御的居住建筑。而石塘碉楼形式丰富多样，主要为附属于宅院的纯防

御性建筑，间或有宅碉一体的独立建筑。石塘碉楼不仅能在单体上保证所属宅院的安全，满足个体防御需求，而且能够通过与聚落中其他碉楼的空间布局组合来实现聚落公共防御的目的。在建筑形式上，石塘碉楼主要以石材砌筑，体量较小，为方形的 3~5 层建筑，并融合了浙江、闽南、南洋等多种建筑风格；在建筑选址上，石塘碉楼主要位于聚落中心区域和近海区域；在空间布局上，与宅院、道路组合布局，并在聚落中有碉楼之间集群分布的特征。

虽然如今碉楼这类防御性建筑的主要使用功能已经消失，但对于碉楼等防御性建筑的研究，石塘碉楼具有重要的样本意义。本书从碉楼的角度研究聚落空间，探究碉楼与聚落的关系，是对石塘石屋聚落研究的补充，同时可以更加深入地认识聚落，寻求传统聚落未来的发展。

第四节　本章小结

石塘的地理位置与多元文化决定了石塘传统的生活要素，这些生活要素主要包括街巷模式、淡水体系及防御体系三个方面。民居、街巷空间、交互节点共同构成了石塘聚落的街巷模式。街巷本身就是聚落肌理的组成要素，并将街巷按照地形划分为缓坡型街巷、陡坡型街巷，按照功能划分为商业型街巷、居住型街巷，多种类型的街巷空间构成了不同形态的聚落肌理骨架，影响了聚落肌理形成的趋势；街巷路口、广场和院落等聚落交互节点是聚落中的重要公共空间，也是肌理骨架的节点，是聚落肌理的组成要素。在淡水体系方面，水井是聚落中最主要的淡水来源，水井的空间布局由石塘聚落居民的日常生活方式决定，并且成为影响肌理发展的点状空间。在防御体系方面，碉楼是保证石塘聚落生活安全性的重要防御设施，其在聚落中的空间分布对于聚落肌理的发展是一种"点"对"面"的影响。综合三个方面，可以总结得到街巷模式、淡水体系与防御体系是组成石塘聚落肌理的重要因素。

<table>
<tr><td>第六章</td><td>石塘里箬村空间形态构成</td></tr>
</table>

第一节　里箬村历史与文化沿革

一、地理区位

里箬村位于温岭市石塘半岛的西南部（图 6-1），原属箬山镇，后并入石塘镇。属箬山区片，为典型的海湾型聚落。

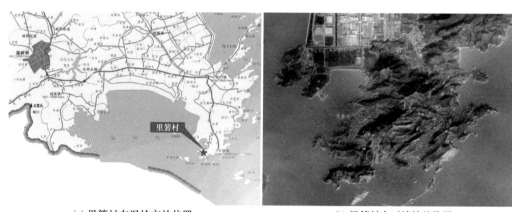

(a) 里箬村在温岭市的位置　　　　　　　(b) 里箬村在石塘镇的位置

图 6-1　里箬村区位图

里箬村四周群山环绕，如同箬叶层层包裹，由此得名"里箬"。因为地处箬山内侧，并相对其南之外箬而言，又称内箬。[①] 村内房屋依山面海而建，村民世代以打鱼为生，现有钢制生产渔船约 20 艘，是一个纯渔业村。全村面积约 0.14 平方千米，常住人口 1200 余人。山峦之上层层叠叠的石屋建筑群是里箬村最具特色的景观。"风景依然满眼新，别成世界别成春。层层房屋鱼鳞叠，半依山腰半海滨。"清代举人陈策三[②] 所

---

① 邵银燕.海山人家话里箬［J］.今日浙江，2014（11）：58-59.

② 陈策山，清代箬山人，生卒年不详。

作的《箬山风情竹枝词》描绘了石屋层层叠叠的独特景致。叫至今H，里箬村的传统石屋保护情况较为良好。

二、历史沿革

据《温岭县志》[①]记载，明正统二年（1437），福建惠安陈氏族人辽来里箬定居。清康熙癸亥年（1683）解除沿海海禁后，许多外迁的惠安陈氏族人回到故土时已无屋可居，于是结伴出海迁来箬山，与陈氏同来的还有朱、郭、胡、黄等姓氏渔民。其中有一部分闽南移民便在现里箬村一带定居下来。

随着陈氏以及其他族人的繁衍生息，一座又一座石屋在里箬被建造起来，形成了当今里箬村极具特色的山海石屋景观（图6-2、图6-3）。

图 6-2　里箬村石屋景观（一）　　　　　图 6-3　里箬村石屋景观（二）

陈和隆旧宅是民国时期渔业大亨陈和隆于里箬村内所建的一座石建筑豪门宅院。大门处有一副青石对联"旧德溯东湖俭勤世守，新支衍箬屿义礼家传"，反映的便是陈氏源于福建惠安东湖，发迹于浙江温岭箬山的家族历史。[②]

陈和隆旧宅内原有石碑一座（现收藏于温岭市文化遗产保护中心），上刻有清光绪举人顾岐先生为陈和隆旧宅所作的《陈氏小园记》。《陈氏小园记》载："有山焉，层层包裹，故曰箬。又分内外两层，故曰外箬、里箬。和隆陈公，卜居于里箬者也。其先世迁自闽东，至公而海上商业，门形发达，乃筑层楼，建杰阁，远望渔船风帆沙鸟，无不毕陈于前，洵足乐也。惟是依山作屋，架海为庐……"此记短短两百余字，把陈氏"卜居于里箬""迁自闽东"、从事"海上商业""依山作屋，架海为庐"等历史概括无遗。

---

① 温岭县志编纂委员会．温岭县志［M］．杭州：浙江人民出版社，1992．

② 陈其恩．石塘风情［M］．北京：人民日报出版社，2006．

第二节　里箬村传统空间形态构成

村落的空间形态构成指的是村落的空间物质形态，指的不仅是村落的平面布局，更是在人地关系中形成的聚落内部的空间组织形式，反映了乡村聚落区位的特点及在地域空间中的关系。[①]

里箬村所处地理位置靠山面海，其聚落空间构成即是在人、山、海三者的相互关系中所形成的一种空间组织形式，反映了里箬村与独特山海环境之间的关系，以及人在村落空间中的行为方式。从山水格局、交通系统和空间节点三个方面，结合里箬村所处的山海地貌特点来进行具体的分析。

一、山水格局

里箬村所处位置靠山面海，其山水格局也可以说是山海格局。在现村落范围内，存在一南一北两座山体，在北部山体的南侧与北侧各有一处海湾（图6-4）。其中，北部山体北侧的海湾在20世纪末经过填海造陆已成为陆地（图6-5、图6-6），为了能了解里箬村最为原始的村落形态，以填海造陆之前的山水格局为基础来进行后续的讨论。

图 6-4　里箬村山体与海湾示意图

---

① 杨定海.海南岛传统聚落与建筑空间形态研究［D］.广州：华南理工大学，2013.

原为海湾
现已填为陆地部分

图 6-5　填海造陆部分

图 6-6　填海造陆部分（原北湾）现状

（一）山体和海湾形态

南部山体（以下简称南山）为西南至东北走向，最高处海拔约为 60 米；北部山体（以下简称北山）为东西走向，最高处海拔约为 30 米。北山现基本已被石屋建筑所占据，山体植被已不存在，南山东侧山体植被较为丰富，多为香樟及毛竹，具有较好的生态自然景观。

北山与南山在整体分布上呈"＞"走势，在东北处交会，两山之间自然形成一处山坳。南山海拔较高，北山海拔较低，这样南高北低的山体形态有利于防御东南方而来的强台风天气。

北山南侧的海湾（以下简称南湾），范围如图6-7所示。南湾东侧尽端为一个广场，当地村民称之为大奏鼓广场（图6-8），该广场是平日里村民表演大奏鼓的场所。南湾南部有一处"U"形水湾，水湾靠山石壁处有一天然泉眼，有地表水从中汩汩流出，当地人称其为"石窟"，在大奏鼓广场北边有一口古井。

图6-7　南湾示意图

图6-8　大奏鼓广场

北山北侧的海湾（以下简称北湾）经过20世纪末的填海造陆现已成为陆地，经过实地走访，以及根据过去作为海岸边界的石砌堤坝的遗存还是能够在大体上勾勒出里箬村原北侧海湾的边界轮廓（图6-9）。北湾呈倒三角形的形状，与北山共同形成了里箬村北部的天然屏障，能有效地抵御来自北部海域海盗的入侵。

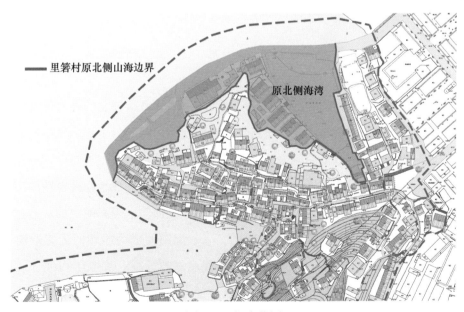

图6-9　北湾范围

（二）淡水资源的获取与利用

淡水资源对于人的生存至关重要，内陆传统村落在选址时，多在河流湖泊沿岸建造房屋形成聚落。而里箬村地处沿海，本地的淡水资源并不丰富。据村民介绍，在自来水普及之前，里箬村村民多依靠人力从内陆村镇挑水或是通过海运从外界运送淡水以保障村民的基本生活。

笔者经过实地的调查发现，村民凭借村内有限的淡水资源设计了简单的淡水供给与处理系统，较有代表性的有两处。

一是位于南湾东南侧的"石窟"［图6-10（a）］。"石窟"实际上是山体崖壁之上的一处天然泉眼。村民在泉眼之上砌筑驳坎，驳坎上置青石板一块，其上刻"石窟"二字。在崖壁下方用石板围合成一个小型水池用来储存泉眼流出的淡水［图6-10（b）］，并在泉水流过的路径上放置一座鲤鱼造型的石雕作为出水口［图6-10（c）］。

（a）"石窟"　　　　　　　（b）水池　　　　　（c）鲤鱼造型的出水口

图6-10　里箬村泉眼石窟及水池

二是位于南山南段北侧缓坡之上的一处水塘。这一处水塘也是里箬村极其重要的淡水来源（图6-11）。

水塘平面轮廓呈不规则的椭圆形，沿水塘四周一圈为石板铺制的环形道路，环形道路通过台阶以及坡道与里箬村的主要道路外箬路相连接［图6-11（a）］。

水塘北侧是一处地势较低的滩涂，在滩涂靠海的边沿用石块砌筑海堤，并在海堤中间留出空隙，并置以大块的木板。当水塘蓄满水时，水塘所处坡地存在自然的高差，水塘中超出最高水位的水便会进入低处的滩涂，形成一处海湾。当海湾内的水量达到一定水位时，渔民便打开木板使船舶进入，这样一来，海湾便成为船舶的天然港湾；当水塘中储水量不足时，干涸的滩涂又可以作为修理船只的场所［图6-11（b）］。这一类似于"水库"的水塘设计，合理地利用了里箬村的山海地貌与地形高差，不仅为村民储存了淡水资源，也为渔民停靠和修理船只提供了场所。

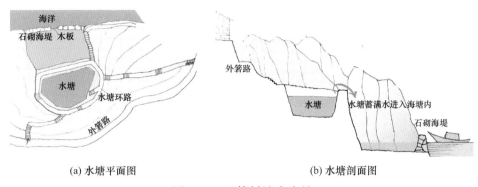

(a) 水塘平面图　　　　　　　　　　(b) 水塘剖面图

图 6-11　里箬村淡水水塘

（三）村落边界

村落边界勾勒了村落的外部形态，同时也是村落形态识别的主要因素之一。[①] 里箬村的村落边界具有较为明确的限制要素，北山、南山及南湾共同围合形成了一块近似三角形的场地，里箬村的村民便在这块场地内选址建屋。里箬村石屋建筑主要分布在北山及南山北坡一带，南山、北湾与南湾形成了里箬村天然的村落边界（图 6-12）。

图 6-12　里箬村村落边界分析

---

① 陈卓.浙江山地传统村落松阳县塘后村保护与更新研究［D］.重庆：重庆大学，2017.

1. 海洋边界

作为村落边界要素，与河流、湖泊等其他水体相比，海洋具有较为明显的特征。首先，大海具有比河流湖泊更为强大的交通运输力，海洋的渔业资源也是河流湖泊所无法企及的。其次，海洋一望无际，在视觉空间上具有无限的视野延伸性。对里箬村村民而言，海洋也是其精神空间的一种延伸，不仅象征着生活的希望，也代表着其对闽南故土的思乡之情。

另外，海洋虽然为里箬村提供了大量的渔业资源，形成了里箬村天然的防御屏障，保障了里箬村村民的生活，但海洋也带来了台风、暴雨等灾害性气候和海盗的侵袭，威胁村民的生命财产安全。可见，大海作为一种较为特殊的村落边界，具有两面性的特征。

2. 山体边界

一方面，里箬村的山体构成了村落的边界，具有一定的防御功能。另一方面，山体也为石屋的建造提供了场所。在里箬村，山体多成为里箬村石屋建筑空间的一部分。位于南山北坡处的石屋建筑多靠山而建，村民利用山体崖壁来与建筑相围合形成内部空间或是外部院落，以拓展生存空间。

同时，南山覆盖着丰富的毛竹、香樟、槐树等绿植，是里箬村重要的景观绿化带，对改善局部小气候具有重要的作用。

二、交通系统

里箬村以其独特的山海地貌，其交通系统可分为山地道路和海上通道两种。山地道路可分为主要道路和次要道路。海上通道则以两个海湾处的三个码头为道路起始点，拥有完全不同于山地道路的运转机制，主要包括海上运输、船舶修理和船舶停靠三个方面。建筑和道路之间通过坡道、石阶、平台及驳坎产生丰富的组合关系，从而形成丰富的道路空间。

（一）山地道路

里箬村的山地主要道路指的是村落中最宽的，贯穿整个聚落，处在村落轴线上，并具有明显特色的标志性道路，具有最大的人流量。

里箬村的山地主要道路有三条，分别为外箬路、鹁鸪咀路和金涯尾路（图6-13）。外箬路位于里箬村西南端，呈西南至东北走向，西南尽端与外箬路西端出入口相连；鹁鸪咀路位于里箬村东端，沿山体呈"＞"分布，分别呈东西和南北走向，在两山交会处与里箬村东北侧出入口相连；金涯尾路位于里箬村西端，呈东西走向。三条主要道路在村落中心处交会，形成里箬村的三角广场。

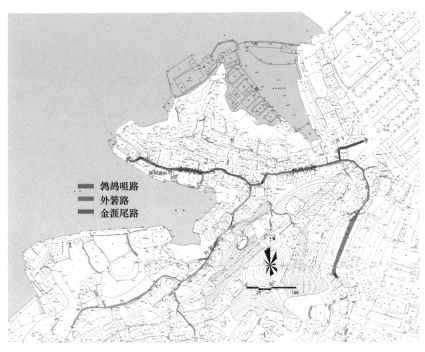

图 6-13　里箬村山地主要道路

三条主要道路均沿着山体等高线分布，道路的走向与两侧建筑朝向基本垂直。在高程上，鹁鸪咀路所处高程最高，平均海拔约为 35 米，外箬路次之，海拔约为 22 米，金涯尾路的平均海拔最低，约为 10 米。在宽度上，三条主要道路宽均约为 3 米，最宽处能达到 5 米。道路两侧建筑多为两层，层高多为 5~6 米。三条主要道路均为石板铺装，与两侧石屋形成统一的景观风貌。

里箬村除了三条主要道路外，还拥有丰富的山地次要道路系统，这些道路是里箬村内部的联系道路，以区域性交通功能为主，也兼具服务功能，多作为村民的活动场所。从尺度上来说，里箬村次要道路宽度大多约为 1.5 米，由于建筑排列较为紧密，有的地方极为狭窄，这样的尺度设计不仅可以减弱强台风的影响，提高建筑整体的抗风性，也有利于提高村落整体的防御性。

从平面上来看，金涯尾路段和外箬路东段的次要道路呈现出纵横交叉式的布局形态，顺应等高线分布的道路两侧的建筑立面较为连续，垂直于山体等高线分布的道路，则存在明显的高差，从而形成高低错落的平台。次要道路多与建筑形成外部的平台和院落空间，作为村民互动的场所（图 6-14）。

由于外箬路东段区域坡度更大，此区域内垂直于等高线的次要道路坡度极大［图 6-14（a）］，而金涯尾路段山体坡度则较为适中，其区域内的次要道路层次要更为丰富，高差变化也不如外箬路东段区域明显［图6-14（b）］。

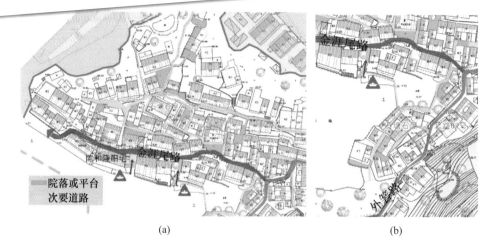

(a)   (b)

图6-14　里箬村山地次要道路（一）

鹁鸪咀路段的次要道路系统层次则更为单一，道路尽端为海面或院落平台，并不形成环路（图6-15）。鹁鸪咀路南侧区域山体坡度大，次要道路多平行于鹁鸪咀路，极少有垂直于等高线的道路连接［图6-15（a）］。鹁鸪咀路北侧邻近北湾，次要道路多垂直于鹁鸪咀路，临海的道路平台同时也作为码头使用［图6-15（b）］。

(a)   (b)

图6-15　里箬村山地次要道路（二）

里箬村的山地道路多通过坡道、石阶和驳坎来对不同建筑及平台进行连接。里箬村的石阶大多采用石块垒叠而成，其上放置石板作为踏步。不同的石材构成、石阶尺度及石阶组合方式形成了不一样的石阶形态（图 6-16）。里箬村的驳坎多用大小相近的块石砌筑而成，与地面之间呈近 90° 的夹角。由不同石材砌筑而成的驳坎也表现出不同的立面特征（图 6-17）。

(a) 石阶(一)　　　　　　　　(b) 石阶(二)

图 6-16　里箬村的石阶

（二）道路与建筑的关系

通过坡道、石阶和驳坎的连接，道路与建筑之间具有多样的关系，从而形成丰富的室外空间。笔者经过实地调查，对里箬村内道路与建筑的关系进行了归纳与总结，主要有以下几种。

(a) 驳坎(一)　　　　　　　　(b) 驳坎(二)

图 6-17　块石驳坎

在鹁鸪咀路段，建筑沿道路两侧分布，并且背靠山体而建。有的建筑和山体崖壁共同组成建筑内部院落，拓展了使用空间［图 6-18（a）］；有的村民则对山体进行改造，将建筑建于山体之上，形成错落的室内空间；也有的建筑利用与道路之间的高差来形成外部院落，形成富有层次的道路空间［图6-18（b）］。

图 6-18 道路与建筑的关系（一）

位于金涯尾路段与外箬路东段的建筑、平台之间多通过错落的台阶与驳坎来进行连接，形成阶梯状的道路形态［图6-19（a）］。在高差较大的平台之间，除了通过连续的长石阶直接相连外，往往还拥有另一个由多个短石阶和小型平台产生的次要系统来进行连接。在高差较大的 A 与 D 之间还有两处短石阶、小型平台 B 与 C 以及一座石屋建筑。平台 B 与 C 作为交通节点的同时，也分别作为石屋建筑一层和二层的室外平台。同时 B 与 C 之间并无室外台阶进行相连，所以若要从 B 到 C，只能通过建筑内部的楼梯到达［图6-19（b）］。可见，这样的次要道路系统往往是供屋主使用的，不仅丰富了交通层次，提高了道路系统的通达性，也保证了屋主交通流线的私密性。

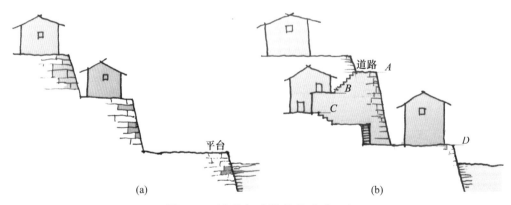

图 6-19 道路与建筑的关系（二）

在次要道路系统中，建筑多分布在道路两侧，将道路作为几家共用的院落来使用，各院落用矮墙进行分隔［图6-20（a）、图6-20（c）］。在里箬村内部，有许多兼具村落交通功能的私人院落空间，这样的院落空间往往是小范围内的交通节点及周边住户的活动中心。

也有的村民将两建筑相邻山墙之间的空地作为两户家庭共用的院落空间，或是用来连接其中一户人家的内院和外部道路［图 6-20（b）］。这种空间形式多分布在海边，以及鹁鸪咀路两侧，道路的尽端为多个建筑围合而成的院落，形成院落的各个建筑分布朝向极为自由，这样的空间组成形式可以加强各户人家之间的联系，同时又可以保证其独立性和私密性［图 6-20（d）］。

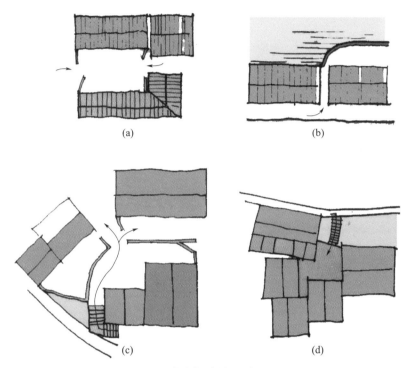

图 6-20　道路与建筑的关系（三）

（三）海上通道

与山地道路不同，里箬村的海上通道系统的空间载体是船只和海湾。船只承担着主要的运输功能，船只完成运输任务后在码头进行卸货工作。在海湾内则进行船只停泊和修理工作（图 6-21）。

图 6-21　里箬村南湾内停泊的船只

里箬村的码头共有三处，其中南湾两处、北湾一处（图 6-22）。码头的形式极为简单，村民在海边砌筑石而聚集，驳坎之上的平台便可作为码头使用了。在南湾沿岸有一种用材及砌筑方法都较为特殊的驳坎，长条石错缝砌筑，在同一皮内的相邻条石之间插入带有榫头结构的条石，并在榫头四周抹上蛎灰加以固定。这样的砌筑方式能够减弱海水拉力的影响从而增加驳坎的稳定性（图 6-23）。

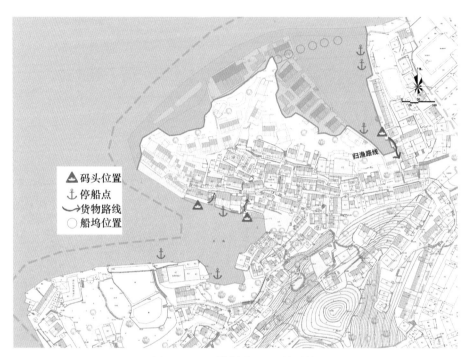

图 6-22　里箬村海上通道系统

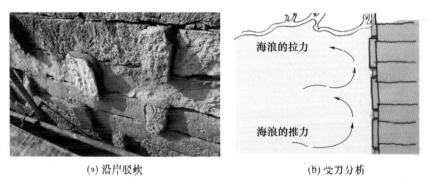

(a) 沿岸驳坎　　　　　　　(b) 受力分析

图 6-23　南湾沿岸驳坎以及受力分析

南湾的码头有一处位于陈和隆旧宅南侧，该码头主要供陈和隆私人使用，其货物运送的路线出于陈和隆旧宅的内部，具有较强的私密性，可保障货物的安全。而位于南湾东侧及北湾的两处码头则供村民使用。

来自内陆市镇的货物通过海上运输到达里箬村，并在码头处卸货。据当地村民讲述，货物一般为生活必需品，如淡水、粮食及纺织用品等。货物在码头卸下后经过陆上交通进入村内，各巷道空间便成了村民进行贸易的场所；除了外来物资的运送，打鱼归来的渔民也在码头进行卸鱼工作。在过去，渔民大多也是里箬村的村民，渔船上卸下的新鲜水产多由渔民自己带回家中进行晾晒作为粮食储备，也有的渔民会将水产挑到箬山镇上进行叫卖。

当完成卸货工作后，村民往往在海湾内将船只就近停靠。由于南山可以阻挡东南方向而来的台风，因此，里箬村的两处海湾均是船只停泊的天然避风港。因北山可以阻挡北方而来的寒流，所以一到冬天，村民便会将原停泊在北湾内的船只转移到南湾以躲避寒流的侵袭。

船只的修理则主要在船坞处进行。北湾外沿原修建有若干船坞，是过去修理船只的主要场所。船坞的结构造型极为简单，由块石叠砌的两个大石墩和三个小石墩共同组成。村民先将需要修理的船只驶入海湾内，当海水水位下降时，需要修理的船只便可架在小石墩之上，并通过大石墩来进行固定，这样村民便可以对船只进行修理（图6-24）。

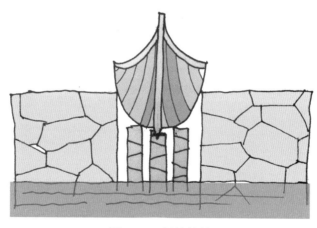

图 6-24　船坞结构

除了货物传输与渔业贸易，里箬村的海上通道对文化的传播交流也起到了巨大的促进作用。闽南移民便是通过海上通道来到里箬，并撒下了闽南文化的种子。到了近代，海上通道又促进了以基督教为代表的西方文化在里箬村的传播。

三、空间节点

村落空间节点是为人及其在相应空间中进行活动而服务的，与人的生活息息相关。村落的公共空间是村民互相问候、传递社会信息的场所，是民众活动的舞台。里箬村的道路和建筑通过组合，形成了村落中较为主要的空间节点，分别是鹈鹕咀路始端广场、三角广场、大奏鼓广场、禹王庙及庙前广场和一些观景平台（图6-25）。

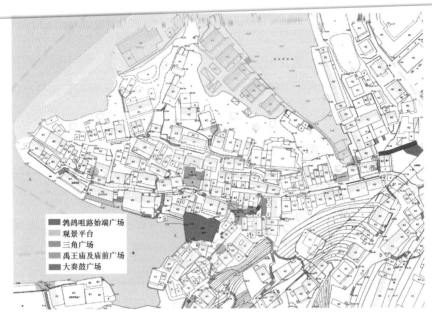

图6-25　里箬村空间节点分布图

（一）鹁鸪咀路始端广场

鹁鸪咀路始端广场位于北山和南山的交会处，是原里箬村村民通往箬山镇进行民俗活动和货物贸易的主要陆上出入口。由入口处的大台阶拾级而上便可进入里箬村。整个台阶高度约为10米，坡度约为40°（图6-26）。

图6-26　鹁鸪咀路始端广场

坡度较大的出入口台阶在一定程度上反映出沿海山体较为陡峭的特征。这是因为沿海山体由于长时间受到海风的风化与海浪的冲击，山体表面土壤不易形成堆积（图6-27）。经过实地调查，石塘地区沿海山体表面多为裸露的岩石，少有高大的植被覆盖，这是风浪侵蚀现象的反映。由于缺少堆积土壤坡地对地势高差的缓冲，所以沿海山体相较于内陆山地显得更为陡峭。鹁鸪咀路始端广场的大台阶就是这种地貌特点的反映。

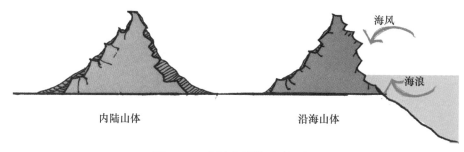

图 6-27　内陆与沿海山体对比

（二）三角广场

里箬村的三角广场位于里箬村的中心点，是三条主要道路金涯尾路、外箬路与鹁鸪咀路的交会点（图6-28）。里箬村现存大多合院建筑分布在三角广场周边区域。广场分为前后两层平台，平台之间用石阶驳坎相连。

图 6-28　三角广场

由鹁鸪咀路进入三角广场的东侧平台，南湾逐渐出现在视线之中，随着人视线的移动，海湾景观逐渐展开。当移动到西侧平台处时，南湾便完全展现在人的视野之中。三角广场的流线设计能够给人带来一种高低错落、步移景异的视觉效果。在三角广场处，鹁鸪咀路段的山体景观开始向海湾处的山海景观发生转换。

（三）大奏鼓广场

大奏鼓广场位于南湾东侧的尽端。大奏鼓广场是里箬村东、南、北三个方向的山体与西侧的海湾交会而形成的空间节点（图6-29）。

图 6-29　大奏鼓广场

从交通流线上来说，大奏鼓广场是东、南、北三个方向山体道路系统的起点和终点，也是南湾海上交通道路的起点和终点，并连接了山海两种道路系统；从功能上来说，大奏鼓广场是渔民从事渔业生产的场所，同时是村民举行民俗活动的场所，除了平日里演奏大奏鼓，村民还在七夕节这一天，在大奏鼓广场焚香烧纸，祭祀七娘妈（织女），祈愿儿童健康成长。

（四）禹王庙及庙前广场

禹王庙是里箬村内唯一的宗教建筑，位于金涯尾路北侧平台处。禹王庙是一座典型的木结构建筑，歇山重檐。其木柱上涂红漆，带有明显的闽南建筑风格（图6-30）。建筑朝向为南，前方有一个平台广场，可以远眺南湾，具有极佳的景观视野。

图 6-30　里箬村禹王庙

禹王庙是平日里村民祭拜大禹以祈求出海之人平安的场所。除了祭祀功能，禹王庙前的广场也是里箬村戏台所在地，每当到了一些重大的节日，村民便在此搭台唱戏，成为里箬村的公共娱乐场所。

（五）观景平台

里箬村依山面海，还有诸多观景平台作为景观节点而存在。站在这些高低错落的平台处，连绵起伏的山景与水天一色的海景可尽揽眼底。复杂多变的山海地形使得观察者在里箬村的不同位置获得不同的视觉体验。

里箬村建筑肌理沿海湾展开，建筑朝向有明显的向海性特征。全村的视线多交会在海湾处，海湾也是全村的视线中心。在同一平面内，为了防止建筑视野受到遮挡，前后建筑往往错开排布，并多在视线区域内设置石阶、平台及驳坎等。如三条主要道路交会处的中心广场，由于建筑之间高差较小，前后的建筑错开排布，使得该区域内的三处建筑都拥有极好的景观视野。

里箬村的山海景观由山与海两种景观要素共同构成，且各景观要素之间往往相互渗透。山体具有高低错落的景观特征，其中礁石、崖壁及绿植等自然景观要素与驳坎、石阶、平台等人工环境要素相组合，形成古朴自然的山地景观；海洋一望无际，广阔的水面作为"面"上的景观要素，与海岸线、天际线等"线"要素以及渔船等"点"要素，共同组成了海洋景观（图6-31）。

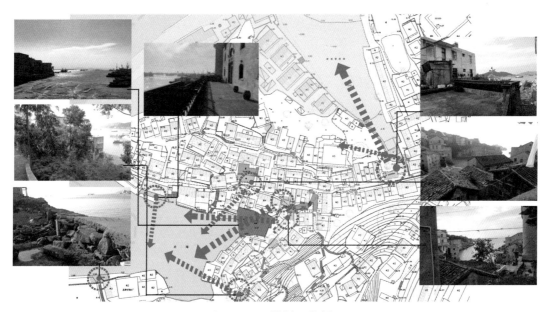

图6-31　里箬村山海景观

第三节　里箬村传统村落肌理分析

若将里箬村的山海石屋屋脊进行连线，可以发现，里箬村的大多数石屋建筑的朝向具有明显的向海性特征（图6-32），可见海洋对里箬村村落肌理的形成产生了较大的影响。同时，里箬村石屋建筑在纵向空间上高低错落的建筑形态又受到山地高差的影响。在如此特殊的山海地貌中，里箬村的石屋建筑因地制宜，巧妙地利用了山体及海洋的地形特点，并经过了长时间的发展，形成了独特的山海村落肌理。

图 6-32　里箬村建筑朝向

一、肌理发展的时间脉络

里箬村形成发展至今，村落肌理在不断地发生变化。肌理的发展在时间上也具有非常清晰的脉络，并展现出不同的时代特征。

通过对里箬村山海石屋的年代进行统计，里箬村现存石屋最早可以追溯到清朝早期，目前里箬村尚存清朝时期的石屋建筑共计 10 处。根据里箬村石屋建筑年代分布图（图 6-33），大体上可以推断，里箬村在形成的过程中，建筑首先占据了离南湾较近的坡地地段，也就是北山南坡与南山北坡这两个区域，且建筑多顺应山体的等高线分布。里箬村村落肌理在最初呈现出沿南湾展开的特征。

在建村初期形成这样一种沿海湾展开的肌理形态，其原因主要有以下几点。首先，建筑选址离海湾较近，意味着海上交通与渔业生产的便利。尤其在过去，便利的海上交通能够为里箸村村民带来淡水、粮食和纺织品等生活必需品。其次，北山为自西向东的走向，建筑沿北山等高线建造，可使得建筑的朝向均坐北朝南，拥有充足的光照。最后，南山在夏秋两季能够抵挡东南方向的台风，北山又可在冬天阻挡北方的寒流。所以，南湾北侧与东侧坡地地段为建屋提供了极佳的地理气候条件，故在建村初期村民建屋多选址于此。

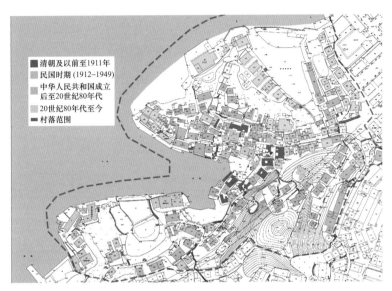

图 6-33　里箸村石屋建筑年代分布图

中华人民共和国成立后，由于南湾一带建筑空地近乎饱和，里箸村的建筑开始向内陆、北湾、外箸路西段三个方向发展（图 6-34）。

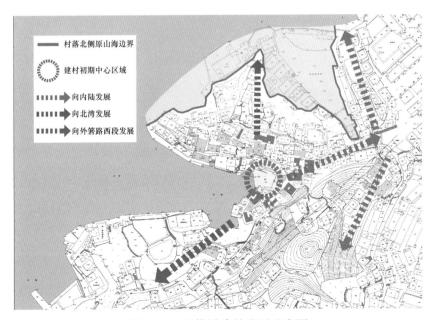

图 6-34　里箸村建筑发展示意图

根据石屋建筑年代分布图，也可以看到清朝时期的石屋建筑主要以三合院或是四合院为主。到了民国时期以及中华人民共和国成立后，建筑平面形式多为横长方形。可见建筑的平面形式趋向简单。而从建筑体量上来说，早期的石屋显得较为狭小，后期建筑的体量开始增大。

二、肌理形态特点

里箬村村落肌理的发展具有以海湾为中心，并沿山体等高线展开的特征。以下章节将把里箬村按照三条主要道路分为金涯尾路段、外箬路东段、鹈鹕咀路段三个区片（图6-35），并对各区片内的肌理形态特点进行深入的分析和说明。

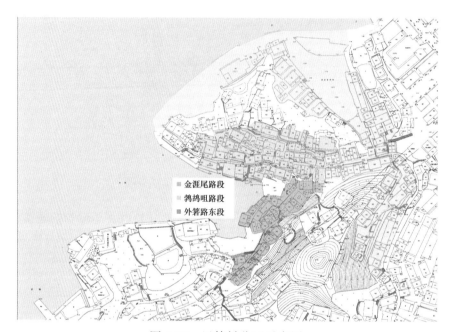

图 6-35　里箬村分区示意图

（一）金涯尾路段

金涯尾路段石屋建筑均分布在北山南坡，靠山面海，并顺应北山等高线分布，建筑均朝南，具有良好的采光与通风条件。该区域内的建筑与古井、"石窟"，以及码头距离较近，保证了水源与物资的供应。故里箬村建村初期，大多数村民选择在此区域建屋。

该区域的山体坡度较为适中，村民充分利用水体及地形高差来设计丰富的交通流线以营造错落有序的建筑空间。现以金涯尾路段码头①处的陈和隆旧宅和码头②处的建筑组合为例来进行分析与说明（图6-36）。

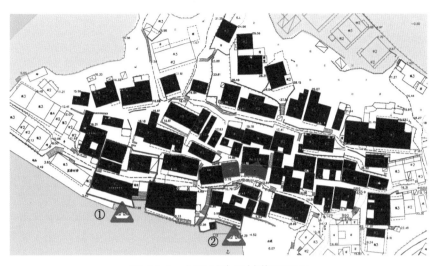

图 6-36　金涯尾路段村落肌理图

1. 码头①处陈和隆旧宅

陈和隆旧宅建造精美，坐北朝南，为石木结构建筑群，陈和隆旧宅见证了里箬村百年的沧桑历史。陈和隆旧宅的空间设计充分结合了山海的地形特点，营造出礼仪、休憩、防御、仓储等丰富的功能空间。

建筑分为前后两座，以及一个小花园、一座石砌碉楼，总建筑面积约 600 平方米。后座西幢为四合院，后高前低，为陈氏家族的最早建筑，后座东幢二间为住宅，名"振声庐"，其南侧是碉楼和小花园 ［图 6-37（a）］。前楼建筑靠海，主要作为会客厅等开放性较强的功能空间，建筑尺度较大，南侧的观海凉台具有极佳的视野景观；南座的四合院主要作生活空间，一层为厅堂，二层为卧室；建筑前后的高差运用石阶来进行连接，随着高度的增加，建筑空间变小，空间的私密性与空间等级也随之提高 ［图 6-37（b）］。

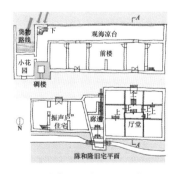

（a）陈和隆旧宅一层平面图

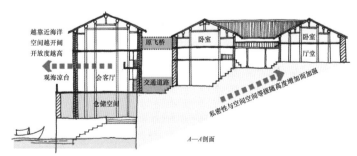

（b）陈和隆旧宅 A—A 剖面图

图 6-37　陈和隆旧宅平剖面

"振声庐"与四合院之间为廊道，用以连接陈和隆旧宅与村落北侧的道路，廊道设置二处台阶，后两处台阶及出口处分别设门，极大地提高了建筑的防御性；在四合院与前楼之间设计有一座飞桥，加强了建筑内部的交通联系。

前楼底层建有地下仓库［图 6-38（a）］，面海开设水门，涨潮时，船可靠近水门，物资和器具直接进入仓库，若是海水水位较低，则可通过仓库东侧的石阶来进行卸货［图 6-38（b）］。地下仓库的设计充分利用了地形高差与潮水的起落变化。同时陈和隆旧宅处码头为陈和隆私人所有，这样的货物流线设计极其隐蔽，保证了货物的安全。

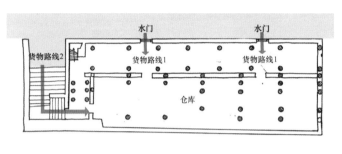

(a) 陈和隆旧宅地下仓库平面图　　　　　(b) 不同水位的货物流线设计

图 6-38　仓库平面与货物流线

2. 码头②处建筑组合

位于南湾东侧的另一处码头的主要使用者是里箬村村民，故其交通流线及周边建筑空间呈现出与陈和隆旧宅不同的形态特点。

金涯尾路与码头②之间主要通过三个台阶相连（图 6-39）。其中，台阶 A 直接连接码头处的平台与金涯尾路，卸下的货物经由台阶 A 运往村内，台阶 A 就成了最主要的货物路线。码头北侧的建筑群靠海一侧的出入口均分布在东侧，并用矮墙围合，这样可以使得出入口流线避开繁忙的货物流线，保证建筑空间一定的私密性；同时，住有两户人家的建筑群共设计有四个出入口。其中，台阶 B 用以连接金涯尾路与建筑二层与一层［图 6-39（a）］，并通过内部院落可到达两户人家的公共出入口；内院建有一天桥来连接南楼和北楼［图 6-39（b）］；除了共用的内院空间，两户人家又各自拥有独立的出入口与外部院落；台阶 C 则作为建筑东侧的公共道路供人通行。

建筑充分利用了地形之间的高差，形成了错落的建筑空间和丰富的交通流线。交通空间与其他功能空间相互渗透，并注重对空间私密性的保护。丰富的道路系统使得整个区域内部的通达性极强，从区域内任意一点到另外一点都有多种交通路线可供选择。

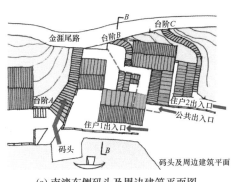
(a) 南湾东侧码头及周边建筑平面图

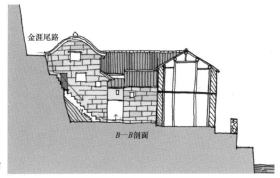
(b) 南湾东侧周边建筑B—B剖面图

图 6-39　南湾东侧码头及周边建筑

（二）外箬路东段

外箬路东段的石屋建筑靠山面海，沿外箬路两侧展开，建筑多面海而建，朝向西北。靠山一侧建筑沿南山等高线自东北向西南方向分布，在外箬路西南端开始呈明显的线性发展趋势。靠南湾一侧建筑则凭借山势形成错落排布的建筑组团。

相比较于金涯尾路段，外箬路东段区域的显著特征便是其陡峭的山势。据实地测量，南湾东海岸线与外箬路的最短距离只有 20 米左右，较大的坡度和较小的空间纵深导致了该区域内用以建屋的平地面积较小，从而影响了建筑的空间布局。

外箬路东侧的建筑背靠山体而建，呈线性分布。为了拓展建筑空间，村民采用凿山建屋的方式，有的将石屋与山体崖壁形成外部院落，扩展了建筑空间。而在外箬路西侧为一处具有明显高差的断崖，且南湾南坡地为茂盛的绿植，环境较为潮湿，该区域内并未形成建筑组团（图 6-40）。

在外箬路西北侧，石屋建在不同高度的平台之上。由于不同平台之间高差较大，平台之间多通过石阶和驳坎相连［图 6-41（a）］。该区域内的石阶多为短石阶，并多平行于山体等高线布置。这是因为在如此陡峭的地形下，若石阶垂直于等高线布置，必定拥有极大的坡度。在大奏鼓广场东侧便有一处垂直于山体等高线的长台阶，坡度将近 60°［图 6-41（b）］。

由于用地较为紧张，邻近南湾和大奏鼓广场的石屋朝向均面向西北，建筑进深普遍较小。建筑之间通过平行排布形成多户人家共用的内院，可以尽可能地利用本不充裕的空地资源，内院尺度并不大，进深大多在 5 米左右。建筑之间间隔小，使得该区域内的道路宽度较为狭窄，最窄处不到 1 米（图 6-42）。

图 6-40　外箬路东段村落肌理图

注：1—1 剖面图、2—2 剖面图如图 6-41 所示。

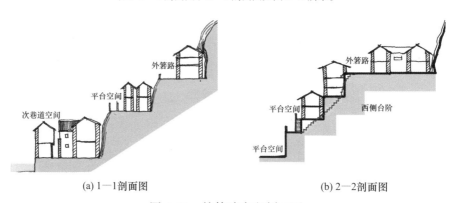

(a) 1—1剖面图　　　　　　　　　　　(b) 2—2剖面图

图 6-41　外箬路东段剖面图

(a) 道路(一)　　　　　　　　　(b) 道路(二)

图 6-42　狭窄的道路

（三）鹁鸪咀路段

　　鹁鸪咀路顺应南山和北山分布，呈"＞"形走势。该区域的村落肌理根据所处地貌环境的不同可分为中段道路、南部靠山和北临海湾三个区域来进行分析（图6-43）。

图 6-43　鹁鸪咀路段建筑肌理图

1. 中段道路区域

　　中段部分的鹁鸪咀路坡度平缓，无明显的高差存在，道路宽度变化也较小。建筑分布在道路两侧，布局较为齐整，建筑之间排列紧密（图6-44）。

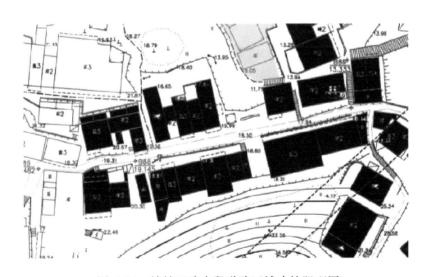

图 6-44　鹁鸪咀路中段道路区域建筑肌理图

两侧建筑多为两层，道路石板铺底，与石屋形成统一的村落风貌。道路北侧建筑背靠北湾，中段空地形成一处可远眺北湾的观景平台。南侧建筑依山而建，利用崖壁与建筑形成内部院落，而朝路一侧则多用石块垒砌矮石墙围合出外院，设置洗池或绿植，也有的利用道路的高差来形成外部院落（图6-45）。

(a) 实景图(一)　　　　　　　　(b) 实景图(二)

图 6-45　鹁鸪咀路中段道路区域实景图

2.南部靠山区域

与中段道路区域相类似，南部靠山区域的建筑也呈现出较为明显的顺应山势分布的特征，建筑分布在鹁鸪咀路西北侧（图6-46）。

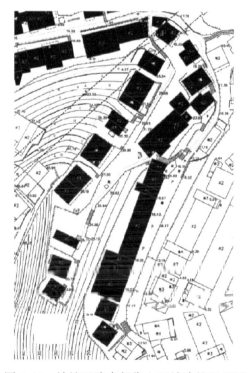

图 6-46　鹁鸪咀路南部靠山区域建筑肌理图

该区域与中段道路区域通过一段长石阶相连，具有更大的高差，道路宽度和坡度变化也更加明显。该区域内的建筑几乎都是顺应着南山山脊分布的，可利用的平地较少，靠山一侧建筑多采用凿山建屋的方法来拓展空间。建筑多处在不同高度的平台上，并通过石阶进行交通上的连接，这样高低错落的布局使得建筑具有极佳的视野（图6-47）。

(a) 实景图(一)　　　　(b) 实景图(二)　　　　(c) 实景图(三)

图 6-47　鹁鸪咀路南部靠山区域实景图

3. 北临海湾区域

北临海湾区域过去是北湾码头所在地，建筑的朝向均向西面海（图6-48）。建筑室外平台与海面之间通过石砌驳坎相连，建筑室外平台便作为码头使用。驳坎立面并非均处在同一平面上，这样的设计可以使更多船只进行卸货工作，处于低处的平台在水位较低时可以作为停船、修船的场所（图6-49）。

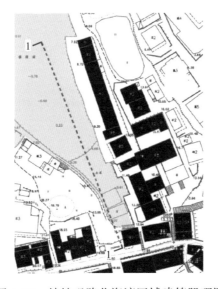

图 6-48　鹁鸪咀路北海湾区域建筑肌理图

注：1—1 剖面图如图4-50所示。

(a) 实景图(一)　　　　　　　　　　　　　　(b) 实景图(二)

图 6-49　鹁鸪咀路北临海湾区域实景图

该区域坡度较缓,各建筑平台之间高差普遍较小,形成阶梯式分布的建筑空间形态。不同高度的室外平台之间通过短石阶相连接。根据不同时间段海水水位的变化,货船可在不同高度的驳坎平台处进行卸货工作。

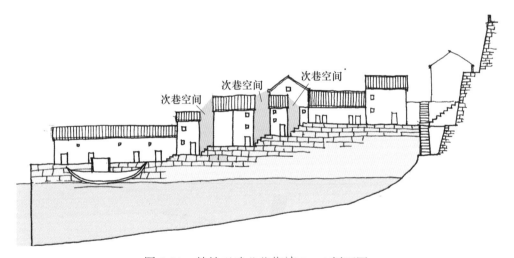

图 6-50　鹁鸪咀路北临海湾 1—1 剖面图

第四节　本章小结

本章首先对里箬村的地理区位、历史沿革及文化民俗等基本情况进行了介绍。并通过对里箬村的实地考察与测绘,基于建筑学的角度,从山水格局、交通系统、空间肌理三个方面对里箬村传统山海村落的空间构成进行详细的说明。并在此基础上,将里箬村根据地形特点的不同分为三个区域,分区片对村落肌理进行了分析。

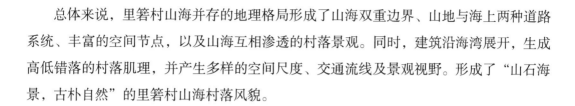

　　总体来说，里箬村山海并存的地理格局形成了山海双重边界、山地与海上两种道路系统、丰富的空间节点，以及山海互相渗透的村落景观。同时，建筑沿海湾展开，生成高低错落的村落肌理，并产生多样的空间尺度、交通流线及景观视野。形成了"山石海景，古朴自然"的里箬村山海村落风貌。

第七章

石塘里箬村石屋建筑构成

我国东南沿海地区范围内的气候较为类似，均属海洋性季风气候，在这种夏季长且多台风、冬季短而无严寒的气候条件下，我国东南沿海范围内的民居建筑大多是按夏季的气候条件进行设计的，以达到遮阳、防潮、防台风等要求。在该区域内也分布着较多以石材为主要材料的民居建筑。

在福建东南沿海区域，石材作为建筑材料在当地民居建筑中被广泛使用。有关研究者按照方言分布和历史沿革将福建东南沿海民居分为闽南民居、莆仙民居和闽东民居三大区块。[①] 在该区域内广泛分布着被称为"石厝建筑"的传统民居（图 7-1、图 7-2 ）。"厝"意为"房屋"，"石厝民居"即"石结构民居"[②]。石厝民居在福建沿海市县厦门、泉州、漳州、龙岩、莆田、福州、福安等地比较流行。

图 7-1　泉州红砖石厝

---

① 戴志坚.福建民居［M］.北京：中国建筑工业出版社，2009.

② 王家和.泉州沿海石厝民居初探［D］.泉州：华侨大学，2006.

图 7-2　莆田沿海石厝

在前面的章节中已论述了里箬村陈氏源自闽南泉州惠安东湖，发迹于温岭箬山镇的这一段历史。虽然目前福建的石厝建筑与里箬村石屋有何具体的渊源尚不明确，但根据相关测绘资料，可以发现两者之间确实存在相类似的建筑特征。

除了福建沿海的石厝民居，我国台湾地区也分布有相当数量的石构建筑。我国台湾居民的组成除了原住民九族及平铺族外，最主要的便是从闽南与粤东迁移的汉族，其中又分泉州人、漳州人及客家人。[①] 故我国台湾汉族民居与闽南民居建筑存在一定的渊源。除了闽台地区，位于浙江省舟山群岛一带的海岛民居也呈现出与里箬村山海石屋相类似的特点。

在过去山岳阻隔，交通不便，相隔一座山的建筑风格即有差异。相类似的气候地形环境下的建筑在呈现出共性的同时亦表现出明显的地域性差异。本章将通过里箬村的山海石屋与以闽台地区为主的其他地区民居建筑进行对比研究，以更好地了解里箬村地形与气候环境对传统山海石屋空间形态和建筑构成的影响。

第一节　里箬村山海石屋的空间形态

一、里箬村传统山海石屋的布局和空间特点

（一）石屋的布局特点

在建筑组合和布局上，闽南石厝建筑多以三合院或四合院为基本单元，向纵深方向

---

① 李乾朗. 从大木结构探索台湾民居与闽、粤古建筑之渊源［A］.

发展为多进院落，进深有一进、二进、三进，乃至四进、五进，前后左右有机衔接。在横向方向上则增建"护厝"，"护厝"是位于平原官居与以厅为中轴点的长屋。这是福建闽南地区民居最为普遍也较为特殊的布局扩充方式。除了两侧的"护厝"，在一些官式石厝屋身正前方一般会有专门留设的户外广场，称为"埕"，是极为重要的室外空间［图7-3（a）］。①

相较之下，里箬村的石屋建筑也有"护厝"做法。各建筑单元相对独立，并未形成多进多落的建筑组群。若是要增加建筑空间，多在原建筑横向加建1~2间房屋［图7-3（b）］。这与里箬村山地地形坡度较大、各平台存在较大的高差、建设腹地较小有关。石屋建筑多因地形而建，发展较为自由。而建筑与地形之间的关系，在第三章已有分析，在此不再赘述。

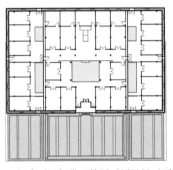 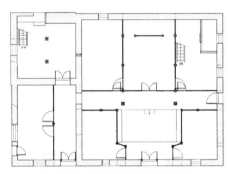

(a) 闽南五开间带双护厝石厝民居平面　　　(b) 里箬村石屋横向加建护厝房屋

图7-3　闽南与石塘带护厝房屋平面

建筑之间密度较大，各石屋之间形成狭窄曲折的巷道，能够有效地降低室外的透晒率，②也有利于提高建筑的抗风性。又因山地陡峭，使得石屋建筑不易为前方的建筑遮挡，故得以有良好的视野及采光条件。

（二）石屋的空间特点

总的来说，受到中国古代社会的等级观念和宗法意识的影响，③里箬村的合院式石屋建筑空间多以厅堂为主轴展开，形成以厅堂为中轴线的对称式平面布局，并讲究空间大小和主次高低的顺序。这与闽南泉州一带的石厝民居具有极类似的空间特点。

① 赖世贤，刘毅军.深井与厝埕：闽南官式大厝外部空间简析［J］.华中建筑，2008（12）：215-219.

② 李炜，张智强，郭颖.闽台传统民居建筑的气候适用性探究［J］.福建建筑，2013（10）：50-52.

③ 郑东.闽台古厝民居：闽台文化的活化石［J］.闽都文化研究，2004（2）：1247-1256.

在内部空间和功能分布上，两者也呈现出一定的相似性。在闽南泉州石厝中，进入大门左右各有一间下房，合成"下落"。"下落"之后为天井（闽南俗称"深井"），天井两侧各为厢房（闽南俗称"榉头"）。过天井为正房，正房明间前为顶厅与后轩，其左右各有前后房四间（闽南俗称"大房"和"下房"），合成"上落"［图7-4（a）］。[①]

与闽南泉州石厝相似，在里箬村合院式石屋中，正房明间的开间较次间要大，作为厅堂使用，同时作为放置牌位祭祀祖先和接待客人的场所，厅堂是整个建筑中等级最高的功能空间［图7-4（b）］。其余空间如下房、厢房多作为卧房等生活空间使用。

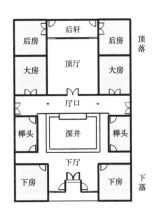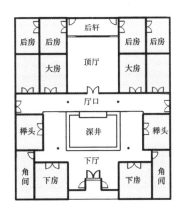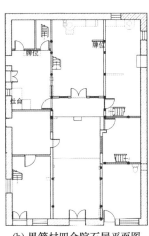

(a) 泉州典型三开间、五开间四合院石屋平面图　　　　　(b) 里箬村四合院石屋平面图

图 7-4　泉州与石塘四合院进深对比图

厅堂面向天井，宽敞明亮，相较而言，多作为卧房的次间要相对幽暗。"光厅暗房"是泉州石厝的特点，[②]在里箬村石屋中也可见这种建筑特征，厅堂的采光条件在整个建筑中往往是最佳的。

在泉州石厝中，常将厅堂前后分为顶厅和后轩。厅堂两侧的次间多分为前后的"大房"和"后房"，并且以东大房为尊，余类推。[②]在里箬村石屋中也呈现出相类似的空间分隔。厅堂多用轻质木板壁或石板墙分为前后两室，前室正中置八仙桌，其上置祖先牌位。后室多设楼梯作为交通空间。厅堂两侧次间多分隔成前后两室作为卧房或厨房使用（图7-5）。

① 戴志坚.福建民居［M］.北京：中国建筑工业出版社，2009.
② 王家和.泉州沿海石厝民居初探［D］.泉州：华侨大学，2006.

(a) 厅堂空间(一)   (b) 厅堂空间(二)

图 7-5 里箬村石屋厅堂空间

在闽南及莆仙一带的民居中，为了采光、通风和流泻雨水的需要，在左右的厢房（护厝）与前后座之间，以天井为中心组织院落，在天井四周和天井与天井之间，均有廊道相通。[1] 在我国台湾澎湖地区民居中，正房（厝身）与厢房（榉头）之间也一般有通道相连，当地称为"通巷"，倘若每户通巷的巷门都打开，则可贯穿数户。[2] 以上地区的民居大多会形成多进多落式的建筑布局，故这种建筑内部的廊道起到较为重要的交通连接作用。而在里箬村，各石屋单元之间相对独立。虽然在几处合院中也见到正房与两厢之间有廊道相连，但内部交通连接功能相对弱化一些。

在纵向上，与闽南民居类似，[1]里箬村石屋正房的层高一般较两侧厢房要高（图 7-6、图 7-7）。如此高差的设计显示了正房在总体中的统领地位，主次分明，也减轻了倒座对正房采光、日照的遮挡。[3]

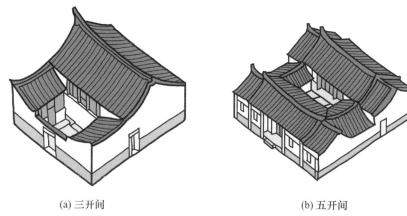

(a) 三开间   (b) 五开间

图 7-6 泉州典型三开间、五开间四合院石厝透视

① 戴志坚.福建民居［M］.北京：中国建筑工业出版社，2009

② 缪小龙.澎湖传统聚落及建筑研究（下）［J］.华中建筑，2011（9）：189-194.

③ 郑善文，刘杰.南方合院式民居空间特征对比研究：以湘西窨子屋、徽州民居、云南一颗印为例［J］.中外建筑，2018（9）：55-57.

图 7-7　里箬村四合院石屋

在闽南石厝中，无论是三开间或是五开间，下落一般仅设一个出门，顶落廊道各开一个边门。福建莆仙一带，当地民居出户门更是有严格的限制，大厝和官宦的宅第多作封闭院，建筑内部则完全开敞，建筑内部穿插天井、廊道，各空间之间四通八达。[①] 里箬村传统山海石屋同样具有内部开敞、外部封闭的空间布局特征，给人一种隐蔽含蓄、自成一体的空间感受。石屋正立面一般开三门，山墙面一般开有边门，相较于建筑内部，开设的门窗较少，外墙窗洞也明显要小于内墙窗。这样的设计能够增强建筑的防御功能，并可以提高建筑的抗风性能。

二、里箬村传统山海石屋的空间尺度特点

根据实地测绘，里箬村的传统合院式石屋多为三开间，厅堂面阔在 4~4.5 米之间，次间约为 3 米，厅堂进深在 5.5~7 米之间。建筑总进深在 13 米左右，最大可达 15 米。建筑平面进深方向稍长，深宽比在 1.1~1.5 之间。建筑多为两层，单层层高约 2 米（图 7-8）。若与《营造法原》中典型的苏式民居对比，里箬村传统合院石屋的面阔和进深略小。但两者建筑层高相差较大，苏式民居厅堂地面到檐口的距离一般可达 3 米，多为一层，显得宽敞高大，采光条件也较好。而里箬村传统合院式石屋正房多为两层，且层高较低，显得低矮。

---

① 戴志坚. 福建民居［M］. 北京：中国建筑工业出版社，2009.

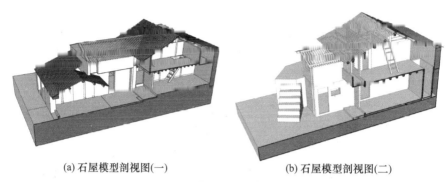

(a) 石屋模型剖视图(一)　　　　(b) 石屋模型剖视图(二)

图 7-8　里箸村石屋模型剖视图

在闽南石厝民居中，有一类以官式大厝为原型的大厝式石厝民居。和开间数较多，且多进多落布局的传统官式大厝相比，大厝式石厝民居平面布局为三开间，单进院落与单天井，建筑体量较小［图 7-9（a）］。[①] 其明间尺寸约 4 米，次间约 3 米，大厝身（正房）与榉头（厢房）之间的廊道宽度约 2.4 米，天井尺寸约为 4 米 × 2 米，建筑总进深约为 11 米。各尺寸与里箸村的石屋民居都较为相近，只是里箸村石屋民居进深要稍长，平面上更显得狭长一些。

里箸村的石屋民居在尺度上多与闽台一带的海岛民居相当。如我国台湾澎湖民居［图 7-9（b）］。澎湖民居分布在数十个岛屿之上，拥有共同的形式特质。澎湖民居为一种紧缩式的最小三合院格局，面宽三间，进深亦三间。其面宽为 10~12 米，进深略长约为 15 米。建筑由厚而封闭的外墙所围闭，天井狭小。这种做法，为的是抵御澎湖的强劲海风。在细节的尺寸方面，澎湖民居的外墙门楼净宽度略小于正身中门，外小内大的尺寸设计可能是出于聚气聚财的想法。[②] 经过实地测绘，发现里箸村传统石屋民居亦具此种特征。

天井在中国传统民居中扮演着重要角色，在里箸村山海石屋民居中亦是如此。参考《营造法原》中对天井的定义，即介于两建筑物间的空地。同时，书中也提到屋檐滴水"不得伸出自己墙垣之外，须落于自己天井"[③]。天井源自"井"，井底本有水，水井衍生为"天井"。"水井接地，贮藏地水以'养生'，'天井'通天，收藏'天水'。"可见其象征着"藏水"的建筑意向。[④]

① 丁家和 . 泉州沿海石厝民居初探［D］. 泉州：华侨大学，2006.

② 李乾朗，阎亚宁，徐裕健 . 台湾民居［M］. 北京：中国建筑工业出版社，2009.

③ 姚承祖 . 营造法原［M］. 北京：中国建筑工业出版社，1989.

④ 刘成 . 江南地区传统民居天井尺度之地域性差异探讨［J］. 建筑史，2012（2）：115-125.

(a) 典型大厝式石厝平面

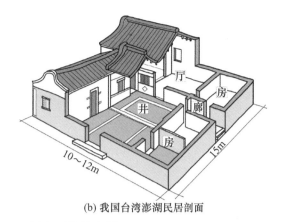

(b) 我国台湾澎湖民居剖面

图 7-9　闽南石厝尺度图

里箬村地表淡水资源紧缺，村民多在天井放置水缸来进行雨水的收集［图 7-10（a）］。[①]
在与里箬村气候环境相类似的舟山群岛一带，当地民居檐口多采用有组织排水的方式，
并利用水缸来收集雨水［图 7-10（b）］。[②] 而在其他一些地区，这样用天井获取淡水
的做法更多被赋予了人文内涵。如徽派民居中，屋顶内侧坡的雨水从四面流入天井，寓
意水聚天心和财源广进，称为"四水归堂"。

(a) 里箬村天井中用来接雨水的水缸

(b) 舟山民居中的雨水集蓄系统

图 7-10　石屋雨水收集

天井井底与室内地坪相比，为下沉的"方池"。因里箬村夏季多暴雨台风天气，天
井也起到了重要的排水作用。同时也兼具采光遮阳、通风抗风的功能。

关于天井的形式在民间《理气图说》中有这样的描述，"井形要不方不长，如单棹
子样。""单棹子"即划船用的船桨，宽长比约为 1 : 4。清人所撰的《阳宅经纂》记载，"凡
第宅，内厅、外厅皆以天井为明堂财禄之所，横宽一丈则直长三四尺乃宜也。深至六七

① 姚安安 . 舟山传统民居建筑环境适应性研究［J］. 四川建筑，2011（5）：73-75.
② 朱丽平 . 舟山传统民居建筑生存智慧浅析［J］. 装饰，2009（10）：131-132.

小而又洁净乃宜也。"即意为天井的宽长比在 1 ：2~3 ：5 之间为宜。而关于天井的尺寸，《营造法原》在其"天井之比例"中描述了尺度的规则，其尺度与厅堂的尺度有关。天井宽度一般为正房开间减去两厢房进深，厅堂前的天井深度与房屋进深相等。而实际上，各地民居的天井形式及尺寸呈现出多样化的特征，这与各地不同的气候条件有关。

根据测绘，里箬村石屋民居的天井多呈横长方形，也有呈正方形的。天井的宽长比在 1 ：1~1 ：2，天井的宽度多为 4 米左右，深度在 2.5~3.7 米之间（图 7-11）。也可见原建筑横向加建房屋，在走道处形成狭长的天井。这与闽南石厝两侧的护厝天井较为类似。

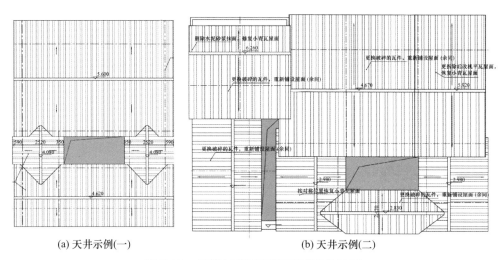

(a) 天井示例(一)　　　　　　　　　(b) 天井示例(二)

图 7-11　里箬村传统石屋民居天井示例

里箬村石屋民居天井的形式和尺寸与闽台一带民居中的天井较为相似。多呈长方形，在尺寸上较为狭小。一方面是受到地形狭窄、建筑体量小的限制，另一方面也是出于适应当地气候的需要。若天井过大，会导致台风天气时进风过多，不利于防风，同时也不利于夏季的遮阳。

第二节　里箬村石屋的建筑构造

一、大木构架

（一）木构架特点

里箬村石屋的木构架所用木材主要为杉木。据村民介绍，过去多从福建宁德[①]一带

---

① 宁德市隶属于福建省，别称闽东。位于福建省东北翼沿海、福建闽东地区，东临东海，与我国台湾隔海相望，西邻南平，南接省会福州市，北接浙江，当地盛产杉木。

购买杉木，并通过海运将木料送至里箬。产自福建的杉木被称为福杉，福杉自重轻、易加工，且经久耐用，耐蚀性强，不易受白蚁蛀食。[①]在闽台一带被作为建筑材料广泛使用。

按照传统木构架体系来看，里箬村山海石屋的木构架为抬梁式和穿斗式混合的形式，与闽南民居中的"坐梁式栋架"相类似，"坐梁式栋架"做法在浙、闽、粤等地十分常见，其受力形式与穿斗式类似，空间形式则与抬梁式相类似。[②]在《中国民居研究》[③]一书中，将这种木构架称为"插梁式木构架"，以区别于传统的抬梁式和穿斗式。

与穿斗式无承重梁、用穿枋拉结及抬梁式承重梁直接压在柱头之上不同，插梁式木构架的特点是承重梁两端直接插入柱身［图7-12（a）］。由于梁柱之间以插接榫连接，其稳定性要比传统抬梁式木构架更好，同时，由于瓜柱不落地，形成的室内空间要比单纯的穿斗式无承重梁更为开阔。

以里箬村石屋构架为例，其檐檩与脊檩下所承柱子一般直接落地，具有穿斗式无承重梁的特征，上下金檩则多用瓜柱支撑［图7-12（b）］。每一瓜柱骑在下面的梁上，梁端则插入下端前后两瓜柱柱身，依此类推，最下端的两瓜柱骑在最下面的大梁上，大梁则插入前后檐柱。在一些石屋中，也可见大梁直接插入前后石墙，石墙内未见柱子的做法。

(a) 闽南插梁式木构架边贴样式　　　　(b) 里箬村石屋木构架正贴样式

图7-12　闽南与石塘建筑梁架对比

里箬村石屋建筑正贴（明间木架）中柱一般落地，局部插梁式木构架为双步架、三步架，由两金柱、两檐柱组成，金柱之间的主梁长度不超过四界。边贴（山面木架）中柱一般落地，使房屋尽端结构得以增强。

闽南民居中的插梁结构前后廊步一般做成轩的形式，轩即一种天花构造。在里箬村石屋中，若要增加房屋进深，也多在原构架基础上增加廊川或双步梁，不过梁架为草架

① 缪小龙.马祖芹壁传统聚落研究：兼论马祖民居的建筑特色［A］.

② 杨莽华，马全宝，姚洪峰.闽南民居传统营造技艺［M］.合肥：安徽科学技术出版社，2013.

③ 孙大章.中国民居研究［M］.北京：中国建筑工业出版社，2004.

露明造，未见天花吊顶。

（二）木构件

1. 柱类构件

里箬村石屋建筑普遍使用木柱，柱子断面为圆形。在闽南，柱高一般为明间面阔的 8/10，柱径则为柱高的 1/10，柱径普遍能达到 25~30 厘米。[①] 相比较之下，里箬村石屋建筑中的柱子用料较小，柱径一般在 15~20 厘米之间。梁上的短柱，又称瓜柱，瓜柱的造型较为简单，断面多呈圆形，一般通过榫卯与下端梁架插接在一起。承接脊檩的瓜柱两端多用束尾，并雕有简单的祥云图案。也可见一些瓜柱下端做成鹰爪状咬住下面的梁架（图 7-13）。

柱础均为石质，能够防止当地潮湿多雨的天气对木柱产生腐蚀。里箬村石屋中最常见的是素平柱础，不加任何雕饰，常用于檐柱；金柱或中柱也有覆盆柱础的做法，以便在柱子两端增加木质隔墙；在一些合院式石屋建筑中，柱础的式样多种多样，常见的有方形、鼓式、基座式等，并雕有简单的几何纹饰（图 7-14）。

图 7-13　瓜柱样式

（a）方形　　　　　　（b）基座式　　　　　　（c）鼓式

图 7-14　柱础样式

[①] 杨莽华，马全宝，姚洪峰．闽南民居传统营造技艺［M］．合肥：安徽科学技术出版社，2013.

2. 梁枋类构件

梁可分为架梁和步梁。架梁有月梁、三架梁、四架梁、五架梁几种，最长不超过五架；步梁一般有单步梁、双步梁、三步梁，步梁的设置较为自由。里箬村石屋中，常见同一榀屋架左右步梁高低不对称，导致屋面两坡前短后长，呈不等坡状。

与闽南地区相类似，里箬村石屋中的梁也多为扁作的平梁，即梁的断面呈矩形。在正房正贴梁架处也可见稍向上拱起的圆作梁，类似江南建筑中的月梁形式，但远不及江南地区的月梁粗大，也无华丽的雕饰，卷杀与拱起的曲率也远不及江南民居中的月梁这么明显。枋为屋架间横向联系构件，在功能上更多起到拉结作用。枋断面一般为矩形，宽高比约为 1 ∶ 3。

在闽南木构架中还有束木、鸡舌等木构件［图 7-15（a）］。[1] 束木是连接瓜柱与檩条的构件，类似于宋构中的劄牵。而在里箬村石屋中未见这种构造。鸡舌则是檩条两端顺开间方向拉结檩条的构件，类似于宋构中的替木。在里箬村石屋中可见"鸡舌"的构造，且多雕有简单的造型［图 7-15（b）］。

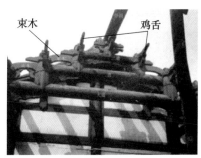

(a) 闽南民居五架梁木构架　　　　(b) 里箬村民居中的替木

图 7-15　闽南与石塘梁架构件对比

3. 檩椽构件

在闽南民居的构架中，脊檩一般由于其位置最高，直径一般最大。根据实地测绘，里箬村石屋中也存在脊檩的檩径要略大一些的现象，其余各檩条并无明显的尺寸差异。檩条为圆形断面，檩径一般在 150 厘米左右。相邻檩条之间的步架长度并不相等，对称于中柱的两檩条也多不等高，使得里箬村石屋的屋面一般前短后长，呈不等坡状。

里箬村石屋中椽的断面为扁方形，高宽比约为 1 ∶ 4。常以一根椽子跨越两三个步架，类似于宋构中的"通椽"做法，如今闽南建筑中依然沿用这种古法。椽上一般不做望板，

① 杨莽华，马全宝，姚洪峰.闽南民居传统营造技艺［M］.合肥：安徽科学技术出版社，2013.

且一般只做檐椽而没有飞檐，椽子端头用封檐板封住，这些均与闽南传统建筑中的做法较为一致。

二、屋顶

（一）屋面做法

里箬村山海石屋多为人字形屋面，为硬山做法，山墙直接承托两坡屋面。檩条不出挑，直接封于山墙内。也可见少数卷棚式屋面。

与闽南民居类似，里箬村大部分石屋采用椽子上直接铺瓦的简易做法。椽与瓦共同组成了石屋的屋面。椽子架在檩条之上，用以承接屋面重量。

里箬村山海石屋屋身低，屋面坡度较缓，多在 25°~30° 之间，这都是出于抗台风的考虑。[①] 屋面铺瓦的形式为合瓦屋面，底瓦和盖瓦均使用小青瓦铺制。屋面铺制完成后，在小青瓦之上再铺设小型块石，这是为了防止台风掀翻屋顶的必要措施。有的石屋在屋面上放一条砖带压住屋面，以防台风，这是里箬村石屋一个显著的特征（图 7-16）。

(a) 压砖压石做法(一)　　　　　　　　(b) 压砖压石做法(二)

图 7-16　屋面压砖压石做法

在其他台风频繁发生的区域，也可见为防风而采取的屋面处理方式。总体来说，营建思路都是通过增加屋面的重量来使屋顶的抗风性提高。

我国台湾马祖、福建闽南的海岛环境和台风气候与浙江石塘相近。在我国台湾垦丁地区的民居中，为了抗台风，出檐极浅，屋面上加压砖块，有的甚至在檐口之上加一道女儿墙栏打压重，以防强风掀顶；[②] 在我国台湾马祖列岛，马祖民居屋顶多为五脊四坡

---

① 郑力鹏.中国古代建筑防风的经验与措施（二）［J］.古建园林技术，1991（4）：14-20.

② 李乾朗，阎亚宁，徐裕健.台湾民居［M］.北京：中国建筑工业出版社，2009.

顶（庑殿顶），檐口不出挑或以女儿墙压檐，屋面坡度极缓，用条石压瓦以防风；福建闽南地区的屋面压石常见的有用比较规则的砖块来压顶，与石塘的乱石压顶不同。在福建比较常见的是屋面用较厚的牡蛎灰砌瓦，以增加屋面重量抵御台风（图7-17）。

(a) 莆田莆禧古城民居屋顶　　　　　(b) 漳州东山镇民居屋顶

图 7-17　福建沿海民居屋面常见做法

（二）屋脊做法

里箬村山海石屋多为双坡硬山顶，此处所提屋脊主要是就正脊而言。

屋脊由脊身和脊翼组成，脊身中央一般无脊首装饰。故石屋正脊主要有两种类型，一种是仅有脊身，这是大多数石屋民居的正脊做法；另一种是脊身两端增加脊翼装饰。

脊身做法主要分为"扁担脊"和"片瓦脊"两种。其中，"扁担脊"做法较为简单，在里箬村普通石屋民居中最为常用。做法是在屋面正脊线上倒扣一排瓦片，俗称"蒙头瓦"，造型上简单朴实，做法上也显得经济实用；"片瓦脊"做法是用瓦片侧立排成一条屋脊，分斜向排列和竖向排列两种形式（图7-18）。

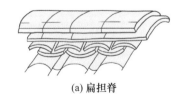 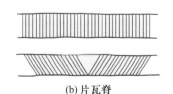

(a) 扁担脊　　　　　　　　　　(b) 片瓦脊

(c) 扁担脊实例　　　　　　　　　(d) 片瓦脊实例

图 7-18　扁担脊和片瓦脊

村民多在脊身上增加装饰纹样，丰富正脊的视觉效果。普通民居的脊身图案一般为简单的几何线条，而规制较高的石屋如陈和隆旧宅，其前楼的脊身上，刻有云纹的浅浮雕，象征吉祥如意。也有村石民居屋脊采用脊翼的极少，老为祥云造型，将石材雕刻成祥云状并搭接在脊身上。陈和隆旧宅前楼脊翼如鸥尾上翘，起翘明显。石塘少数民居中也可以看到起翘较高的屋脊做法［图7-19（a）］。

闽南传统建筑中屋脊最常见的是燕尾脊，屋顶正脊呈现出美妙的曲线，线脚向外延伸时，岔开形似燕子的尾巴［图7-19（b）］；闽台沿海地区的一些民居的屋脊也有做得特别宽大厚实的，这是为了加重屋顶以提高屋面的抗风性；我国台湾少数地区会将屋脊中间做成镂空状，让风可以透过，从而减弱强风的影响。[1]

（三）檐口做法

受到强台风天气的影响，里箬村石屋的屋檐挑出较小，这在闽台一带海岛民居中是共有的特征，我国台湾澎湖和马祖的民居出檐也极小，甚至不出檐。

(a) 石塘民居建筑屋脊　　　　　　　　　　(b) 闽南建筑燕尾脊

图7-19　石塘和闽南民居燕尾脊对比

相较之下，天井内立面处的出檐要比外石墙处大一些。天井内立面处的檐口多由梁头直接承托屋檐，或是用简单的撑拱做法来支撑屋檐［图7-20（a）］。也可见将拱做成简单的弧形，并雕有简单的花鸟图案［图7-20（b）］，但这种做法在里箬村石屋中相对少见。

外墙处的檐口挑出更小，做法上也更注重密封性。屋檐出挑时一般用厚约为5厘米的石板搭在檐墙之上，并将石板向外挂出约10厘米，再将椽子置于石板之上，并用黄泥抹平使之牢固［图7-21（a）、图7-21（b）］。建筑两侧山墙在封山时，多用牡蛎灰勾缝，使之密封严实，防止雨水和狂风进入。

---

① 李乾朗，阎亚宁，徐裕健.台湾民居［M］.北京：中国建筑工业出版社，2009.

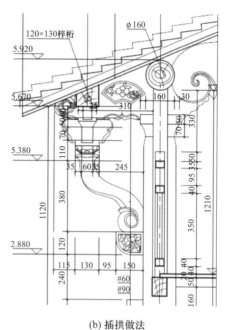

(a) 檐口斜撑

(b) 插拱做法

图 7-20　内檐檐口做法

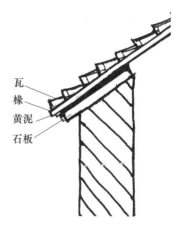

(a) 外墙檐口形态

(b) 外墙檐口做法

图 7-21　外檐檐口做法

三、墙体

（一）外石墙

里箬村山海石屋外墙为石材砌筑。外石墙厚度大多为 0.4~0.5 米，而像碉楼的外墙厚度则可以达到 0.8~1 米。充满厚重感的石墙起到抗风、防御的重要作用，也是里箬村山海石屋另一个显著的特点。

1. 石材的选择

里箬村村民多选用石塘当地的凝灰岩作为砌筑外墙的石材，凝灰岩具有极佳的抗压性能，外表具有粗糙的质感，厚重石材砌筑的石墙有利于防风，并且由于石材热惰性较大，石墙亦具有良好的隔热性能。①

根据实地调查，里箬村现存山海石屋所用石材主要可以分为料石和块石两种。料石均经过一系列的人工打磨处理，形状呈矩形。料石宽度一般在 0.3 米左右，厚度在 0.1~0.3 米之间。根据石材长度的不同，料石又可以分为条石和角石。条石长 1~4 米［图 7-22（a）］，角石长 0.3~0.6 米［图 7-22（b）］。块石指的是不经处理或是只经过简单打磨的石材［图 7-22（c）］，依旧保留着较为原始自然的风貌，形状呈多边形，大小不一。块石多用于石屋山墙面的砌筑。

(a) 条石墙　　　　　　　　(b) 角石墙　　　　　　　　(c) 块石墙

图 7-22　外墙做法

2. 砌筑手法

里箬村石屋外石墙一般分为内外两层，外层用大块石材错缝拼接，拼接处缝隙多用黄泥、牡蛎灰或水泥砂浆进行勾缝处理。墙体内侧则用碎石垒砌，碎石中间一般用黄泥填实。②

砌筑外层墙体时根据石材的不同采取不同的砌筑手法。在砌筑块石时，多遵循"有面取面，无面取凹"的原则，将体积相近的石块均匀摆放，一般体积较大的石块在下，体积较小的在上，靠近屋顶。石块朝外的外露面要相互平齐，斜口朝内，石块面积较大的面一般平放，经验丰富的砌墙师傅一般凭借对块石的观察与自身经验便能将合适的块

---

① 王钰萱，王小岗. 石塘石屋与崇武石厝用材特点地域性比较研究［J］. 城市建筑，2018（14）：117-119.

② 王钰萱. 温岭市石塘镇石屋营造技术研究［D］. 西安：西安建筑科技大学，2018.

石边对边拼合在一起。在块石墙转角处或是墙体交接处一般用规整的料石进行砌筑，目的是用来加固墙体，提高建筑的抗风性。

料石的砌筑方式主要有全顺砌法、丁顺叠砌和丁顺组砌三种。全顺砌法和丁顺组砌在里箬村较为常见，丁顺叠砌相对较少。也有一面墙体采用多种砌法，如墙体下方为全顺砌法，上方为丁顺组砌。

墙体砌筑完成后，多要进行勾缝处理，俗称"修石缝"。缝隙宽度一般在 2~3 厘米之间。勾缝方式有平缝、凹缝和凸缝三种（图 7-23）。[①] 过去主要的勾缝材料是黄泥或牡蛎灰。牡蛎灰是我国东南沿海独特的建筑材料，它由牡蛎壳煅烧而成（主要是氧化钙）。明代宋应星的《天工开物》中记载："凡温、台、闽、广海滨石不堪灰者，则天生蛎蚝以代之。"[②] 虫豪即蚝，指牡蛎。说明在明末，我国东南沿海等地已普遍采用牡蛎壳制造牡蛎灰来建造房屋了。牡蛎外壳中有石灰的成分，具有防潮的作用，外墙用牡蛎灰勾缝，有利于墙体的防潮和隔热。

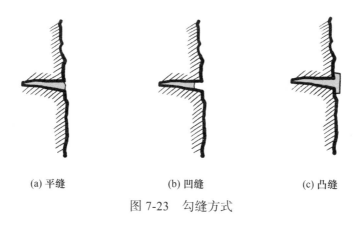

(a) 平缝　　　　　　(b) 凹缝　　　　　　(c) 凸缝

图 7-23　勾缝方式

3. 墙体形态

墙体的形态往往由墙体所用的石材及砌筑方式共同决定。里箬村统一的凝灰岩用材形成了连续的石屋立面形态，厚度较大的墙身、石材的材料特性也赋予了石屋凝重、厚实的立面观感。

不同规格的石材与不同的砌筑方式，又使得里箬村山海石屋的外石墙在统一连续的立面形态中呈现出丰富多样的形态变化。并通过各种墙体之间的对比来丰富立面上的层次变化。如石屋山墙面上常出现规整的角石与不规则的块石混合砌筑的做法

---

① 王钰萱.温岭市石塘镇石屋营造技术研究［D］.西安：西安建筑科技大学，2018.

② 宋应星.天工开物［M］.沈阳：万卷出版公司，2008.

（图 7-24），使同一墙体上产生丰富的立面变化。而不同墙体立面之间也多使用这样的对比手法。一般山墙面多采用不规则的块石砌筑，并用凸缝的勾缝手法，使勾缝的纹路非常明显，正立面则多使用规则的角石或条石，并使用凹缝的勾缝手法，使勾缝线条淡化。

(a) 混合砌法(一)　　　　　　　　(b) 混合砌法(二)

图 7-24　里箬村石屋墙体立面混合砌法

　　而在闽台其他区域，建筑墙体因所用石材和砌筑方式的不同也呈现出多样的形态。闽南泉州一带石厝的外墙多用当地盛产的红砖与花岗岩上下相间砌筑，称为"红砖石厝"[图 7-25（a）]。大红色的红砖和淡青色的花岗岩形成色彩上的强烈对比；在泉州地区，以块石、红砖混砌而成的墙体也十分常见，这种砌法称为"出砖入石"[图 7-25（b）]；分布在福建沿海一带的民居，墙体多用花岗岩砌筑而成，少量立面用红砖砌筑。外墙砌筑方式也较为多样[图 7-26（a）]，形式以马鞍形为主，也有人字形、虾姑形、马背形和火焰形等，檐口多加牙子砌以及线脚，这是承袭了闽中、闽北的做法，[1]但墙体整体的色彩和立面形态与里箬村石屋是较为相近的[图 7-26（b）]。

(a) 闽南红砖石厝　　　　　　　　(b) 出砖入石

图 7-25　闽南红砖石厝

---

① 康锴锡. 马祖民居［A］.

(a) 莆田石屋外观　　　　　　　　　(b) 石塘石屋外观

图 7-26　莆田与石塘石屋外观形式对比

（二）基础与台基

里箬村石屋的基础均为石砌，一般分为乱石基础和料石基础两种。砌筑方法与墙体类似，不同之处在于基础的石材均为清水搭砌，纯粹用石材垒砌，并在较大的缝隙之间用碎石填补。[①]

基础上制作台基，台基是基础的延伸。里箬村山海石屋台基的高度在 0.3~0.5 米之间，房屋建在台基之上可防止雨水淹没。建筑屋檐出檐较少，但无论出檐多少，檐口多超过台基边缘，以防雨水漫入室内，这种设计是为了确保雨水能够迅速排出。

里箬村的石屋台基多用石材砌筑，台基的边缘以石条或石块收边，于柱子下方立礤石以巩固柱身。该做法与闽台地区相类似。

室内铺地多用石板，有的石屋内将掺砂或石灰的土直接夯实为地坪，具有较强的耐水性。在闽台地区经济条件较好的民居中也有铺砖的做法，里箬村则多用石材，未见铺砖做法。

台基也是尊贵地位的象征。一般而言，正房厅堂最高，其他各间则维持着后高前低、内高外低的关系。根据实地测绘，一般厅堂比厢房或门屋高 0.3 米左右，室内要比室外高一至二阶的踏步。

四、装修及细部

（一）门

里箬村石屋的门按照所处的位置可分为院门和宅门两种。院门主要连接建筑院落与外界空间，一般出现在合院式石屋中。院门一般为墙垣式，即在墙上开门洞，门框两侧

---

① 王钰萱. 温岭市石塘镇石屋营造技术研究［D］. 西安：西安建筑科技大学，2018.

立长条石作为门框，门洞上方再架条石，当地称为"门龙"，在门龙上凿槽，以固定门轴。像陈和隆旧宅这样规制较高的建筑，在门框和门龙上会题刻楹联和匾额，并雕刻图案以象征吉祥［图7-27（a）］。

里箬村石屋的外宅门多为实木板拼接而成的板门。在砌筑石墙预留出门洞位置之后，在门洞下方放置脚踏石和地伏，地伏与门框交接之处预留出一个半圆形平台，俗称"门砧板"，其上凿槽用来固定门轴。

合院式石屋的宅内门多采用雕刻精致的格栅门。其透光部分为扇心，多用细木条拼接成各种图案。里箬村的格栅门扇心部分一般是直棂、方格等直线形图案的组合。扇心下部的横向小实木板为绦环板，绦环板下方的实木板为裙板，裙板一般无雕饰，由木板拼接而成［图7-27（b）］。

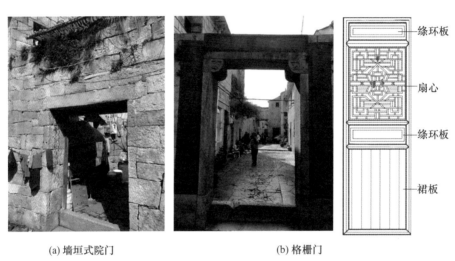

（a）墙垣式院门　　　　　　　　　　（b）格栅门

图7-27　院门与房门

（二）窗

在砌筑外石墙时，便会预留出外窗位置，其上多用一块条石作为窗过梁，形成外墙窗的窗洞。外墙窗主要有木板窗和石窗两种类型。木板窗构造简单，且木窗一般位于外墙内侧，这样可以减少台风、暴雨对窗户木构件的损坏。

相比较于木板窗，石窗在形式上就显得较为多样，里箬村的石窗位于墙体外侧，多呈正方形，窗石板雕刻出寓意吉祥的图案，常见的图案有寿桃、钱币等（图7-28）。

出于防风、防御的需要，外窗窗洞普遍较小，这与闽台地区的做法较为类似。在闽台地区，外窗外加有悬竹编或铁皮做的"吊屏门"，称为"兔仔耳"，台风来袭时，将

"吊屏门"移到门窗上便可阻挡风雨。[①]据了解，里箬村也有在外窗外加铁皮的做法，以保护木制构件免受台风的破坏。

(a) 钱币图案

(b) 寿桃图案

图 7-28　石窗

建筑宅内窗也以木板窗为主，但尺寸上较外墙窗更大，在里箬村几处四合院中，也可见在窗心雕刻直棂花纹的木质格栅窗［图7-29（a）］。外墙木板窗大多采用实心的木质长窗，表面不涂漆，保留着原始的木质纹理，在内立面上整齐排列［图7-29（b）］。

(a) 木质格栅窗

(b) 外墙木板窗

图 7-29　木窗

在里箬村，有一种特殊的窗体形式叫作"胭脂窗"。这种窗体形式是将胭脂砖叠出漏窗图案，在闽南地区十分常见。里箬村常见的是钱币图案的胭脂窗［图7-30（a）］，胭脂窗也是里箬村闽南移民的历史见证。在陈和隆旧宅中，出现了三角形及拱券的外窗形式［图7-30（b）］。另外，在碉楼中，多在外墙上直接挖一小孔，形成一种功能极其特殊的窗户，其主要作用是远眺御敌。

---

① 李炜，张智强，郭颖.闽台传统民居建筑的气候适用性探究［J］.福建建筑，2013（10）：50-52.

(a) 胭脂窗   (b) 拱券外窗

图 7-30   特殊的窗体形式

第三节   本章小结

本章以实地调研与测绘资料为基础，对里箬村传统山海石屋的空间形态与建筑构造特点进行了分析。

建筑布局上，各石屋单体相对独立，未形成多进多落的建筑组群；平面形态上，里箬村传统山海石屋为以厅堂为主轴展开的对称式平面布局，具有外部封闭、内部开敞的空间特点；建筑尺度上，层高较为低矮，建筑体量较为狭小。而后再从大木构架、瓦作、石作及细部装修四个方面介绍了里箬村山海石屋的构造及做法。

在具体分析的过程中，采用与我国东南沿海地区的民居进行对比的研究方法，比较分析里箬村传统山海石屋与其他民居的共性与个性差别，从而可以更好地了解石屋的建筑构成特点，以及自然环境，尤其是台风等对建筑空间形态与营造的影响。

本章将选取里箬村范围内三座典型的石屋民居作为案例。这三座石屋民居分别是一座典型的四合院式石屋民居，建在邻近三角广场的平地上；一座三合院式石屋民居，背山临海而建；一座"L"式平面石屋民居，建在外箬路西南侧的坡地上。三座石屋分别代表了三种平面形式，以及建筑对三种不同地形的处理方式。三座石屋建筑的建造时间均在清朝末年，在里箬村石屋建筑中具有一定的代表性，并具有较高的研究价值，建筑所处位置如图8-1所示。

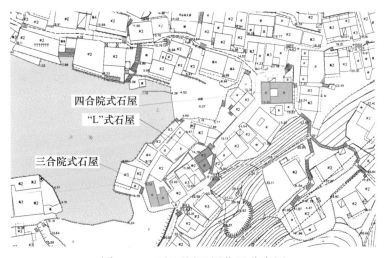

四合院式石屋

"L"式石屋

三合院式石屋

图 8-1　三座石屋民居位置分布图

第一节　四合院式石屋民居

一、建筑概况

这座四合院式石屋民居（图8-2）位于金涯尾路、鹁鸪咀路和外箬路交会处，是里箬村现存量不多的四合院民居中的一座，为典型的石木结构建筑。建筑始建于清朝末年。最初的建造者们是当地和闽南移民后裔。时至今日，建筑依旧有人居住和使用。据了解，由于分家继嗣和房屋售卖，建筑的产权几经发生变化。建筑正房明间、南侧间和南侧厢房及二层分别为陈氏三兄弟所有。正房北侧间和北厢房及二层则为两户外姓人家所有。

图 8-2　四合院式石屋民居

该建筑坐东朝西，北侧是三角广场，为村民的休闲集会场所；南侧是石屋之间的巷道空间；西侧为外箬路。屋前空地具有较佳的景观视野，可远眺大奏鼓广场和南湾（图 8-3）。

图 8-3　屋前空地远眺景观

二、平面与空间

该四合院式石屋民居由门屋、正房、左右厢房组成，层高两层。正房左右两侧各有一座石砌平房，为后期加建。该建筑平面呈东西稍长的矩形，建筑总面阔约11米，总进深约16米，占地面积约125平方米，建筑面积约为283平方米。

该建筑轴线分明，各建筑空间以厅堂为中轴线展开。正房三开间，明间面阔约4.3米，进深达6米。正房明间为厅堂，是祭祀祖先、接待客人的场所。次间面阔稍小约3米，作为卧房及厨房等生活空间使用。两侧有厢房各两间，呈长矩形。厅堂与两厢围合形成天井空间，天井形状呈近似方形，宽约3米（图8-4）。

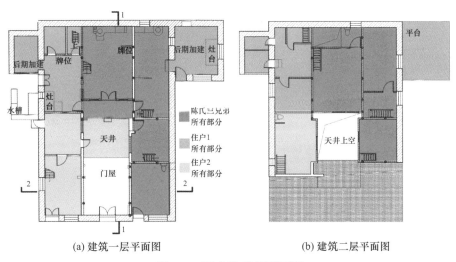

(a) 建筑一层平面图　　　　　　(b) 建筑二层平面图

图8-4　四合院建筑平面图

注：1—1剖面图、2—2剖面图如图8-7所示。

该建筑西侧止立面开门三处，北侧立面开门两处。相较之下，建筑内部开设门窗更多，且厅堂二层向天井有约1米的挑出，在厅堂与天井间形成一处前廊以连接左右侧间。门窗、廊道、天井将各空间连接在一起，营造出了通透开敞的建筑内部空间。

西间厢房为单层，层高约2.5米，东间厢房与正房为两层，正房总高约5.5米，东间厢房总高约4.6米，层层递进，体现出明显的主次关系。出于排水的需要，天井较门屋地面下沉约15厘米，地面标高在整个建筑中为最低。正房与天井间的廊道地面又比天井地面高出约25厘米，正房则高出廊道约10厘米。而在正房中，厅堂地面又比次间高8厘米左右。室内空间等级随着建筑高度，以及地面高度的增加而提高，凸显出正房及厅堂的统领地位（图8-5）。

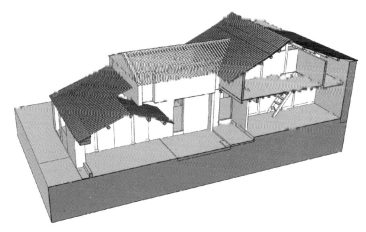

图 8-5　建筑剖透视图

三、结构与造型

（一）木构架

正房明间正贴为十架五柱（由于后檐口处椽直接架在石墙上，实际为九檩），并带有前廊和后双步廊，将明间分为前后两个部分（图 8-6）。中柱前后抬梁式构架并不对称。前三步梁上依次置两方斗承托前双步梁和单步梁。后双步梁上则用短柱来承托后单步梁，各步梁上分别置檩。其中，前三步梁和前后单步梁向上稍有弯曲（图 8-7）。正房无边贴木构架，檩条直接伸入两侧山墙中，为硬山搁檩的做法。

图 8-6　正房正贴木构架模型示意图

门屋为五架四柱的木构架形式，同样是山墙搁檩的做法，有两处檐柱现已不存（图 8-7）。厢房内由于后期增加吊顶，部分木构架结构不明，且一些木构件已不存，根据现存木构架推断两间厢房应均为五架四柱的构架形式（图 8-8）。

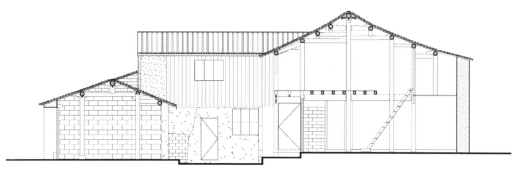

图 8-7　1—1 剖面图

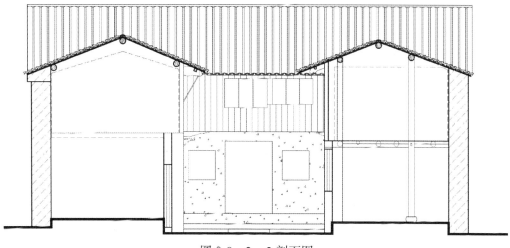

图 8-8　2—2 剖面图

该建筑构件用料均较小，柱子均为圆柱，柱径约 15 厘米。厢房与门屋处柱础为素平柱础做法，正房为鼓形柱础。脊檩的檩径稍大一些，约 18 厘米，其余檩条约 15 厘米。正房屋架各檩之间并非等距布置，且前后金檩也不等高，形成前短后长的不等坡人字形屋面，有较为明显的屋面举折。厢房及门屋处屋面各檩的连线则基本上是等坡。

（二）外部造型

该建筑正立面采用规整的角石进行砌筑，采用全顺砌法，中间穿插几块丁石，并采用平缝的勾缝方式，纹路并不明显（图 8-9）；南立面所使用的角石表面更为粗糙，石材色泽也更深，表现出一种粗犷的立面形态（图 8-10）；北立面使用不规则的块石砌筑，为凸缝的勾缝方法，勾缝纹路较为明显（图 8-11）。

该建筑天井立面为连续的薄木板围合而成（图 8-12），木板表面未做多余的装饰处理，保留了木材原始的同心圆纹理，营造出一种古朴自然的立面形态。

图 8-9　建筑正立面

图 8-10　建筑南立面

图 8-11 建筑北立面

(a) 建筑面向天井立面(一)

(b) 建筑面向天井立面(二)

图 8-12 建筑面向天井立面

　　一些外部形态变化是由于结构做法而引起的，主要表现在檐口及外墙窗做法上。该建筑正立面檐口处在檐墙上搭一块约 5 厘米厚的石板，并向外挂出约 10 厘米的距离［图 8-13（a）］。建筑两侧山墙檐口为硬山做法，屋面直接搭接在石墙之上［图 8-13（b）］，北侧山墙面檐口处用水泥封实，形成一条明显的屋顶轮廓线［图 8-13（c）］。

(a) 正立面檐口

(b) 南山墙面檐口

(c) 北山墙面檐口

图 8-13 檐口做法

该建筑外墙窗过梁与下方窗沿墙面向外凸出。过梁除了起到结构作用，也作为挡雨的雨搭。凸出的窗体框架与平面的石墙形成对比，成为立面上凸出的装饰物（图8-14）。

图8-14　窗体框架向外凸出

四、装修与细部处理

（一）木构件装饰

1.斗拱

在该四合院石屋民居中，明间正贴脊檩下方及前步梁均以斗来承托上方梁架（图8-15）。斗均为方斗，形态呈扁平状，高宽比近似于1：3，斗欹内颐曲线明显。在内檐口有一处单跳斗拱，拱式平直，拱身下沿刻有简单的曲线，拱上带斗，斗上承托梁头，梁头上雕刻有云纹图案（图8-16）。

图8-15　脊檩处方斗

图 8-16 檐口处带斗拱

2. 雀替

该建筑中的替木形式和尺寸较为统一，长约 30 厘米，宽度和高度较小，比例上显得较为狭长，下端有丰富的线条装饰（图 8-17）。

图 8-17 枋下与檩下替木

在正房明间前廊枋下有一处左右对称布置的雀替，部分木构件已损坏不存。该处雀替上端为简单的线条纹饰，下方为一处龙头雕刻（图 8-18），突出厅堂的尊显地位。

图 8-18　雀替

3. 束尾

在对应的檩条下方安装的构件，形同花块穿出柱子。江南一带多称为"云头"，在闽南一带多称为"束尾"。该建筑的束尾均布置在脊檩下端。厅堂正贴脊檩处束尾为左右对称的弧线造型，并刻有花草浮雕（图 8-15）。门屋木构架脊檩处的束尾同为左右对称的弧线造型，表面无雕饰（图 8-19）。

图 8-19　门屋脊檩处束尾

（二）门、窗

该建筑外石墙开外门 5 处，做双开木板门扇［图 8-20（a）］。门宽约 1.3 米，门洞高约 2 米。门洞上方搭长条石作为门楣，于门洞下方摆放石质脚踏石。门楣与脚踏石上预留三个孔洞，用来固定门门。脚踏石上置地扶，宽约 20 厘米。地伏与门框交接之处预留出门砧板，其上凿一槽用来插入板门门轴［图 8-20（b）、图 8-20（c）］。

宅内门也多为木板门，门扇、门框与门槛均为木质。门扇用 4~5 块长条木板拼合而成，背面以穿带固定［图 8-20（d）］。

(b) 脚踏石

(a) 外门　　　　　　　　(c) 地伏和门砧板　　　　　　(d) 宅内门

图 8-20　内外木板门

该建筑的窗户原为木制板窗，具有较好的抗风性能。经过后期改造，建筑原木制板窗基本已被替换为现代的铝合金玻璃窗。

第二节　三合院式石屋民居

一、建筑概况

这座三合院式石屋民居位于南湾东南侧，建筑朝向西北方，两层层高，靠山临海而建，是典型的石木结构建筑。约建造于清朝末年，是甲箬村庄家的住宅。据村民介绍，当时庄家家道相当殷实，是村里的大户人家。

该建筑顺应山势而建，正房及东厢房紧靠山体崖壁，整个建筑"嵌"进"L"形的山体缺口中。建筑的西南面朝南湾东南侧的"U"形水湾。建筑西山墙下方设有台阶可到达水岸边，水岸尽端便是"石窟"所在处。故建筑西面有较好的水岸景观（图 8-21）。

(a) 建筑西面透视图　　　　　(b) 建筑鸟瞰图　　　　　(c) 建筑模型图

图 8-21　三合院式石屋与模型图

二、平面与空间

（一）平面组成

该建筑占地面积约 110 平方米，建筑面积约 167 平方米。建筑平面呈"凵"形，由正房与两侧厢房组成。正房三开间，明间开间约 4 米，进深 6 米左右，作为厅堂使用。明间二层挑出，在一层和二层分别形成宽约 1 米的外廊；两侧间开间约 2.8 米；两厢房进深约 3.3 米，要比正房次间开间深大约 0.5 米。

在功能设置上，正房明间作为厅堂使用。东侧间由于紧靠山体石壁，较为潮湿，原为牲畜间。而与之相邻的东厢房一层原为腌鱼的场所，现为储物间。正房东侧间二层为厨房和就餐区域，其他空间均作为卧房使用 [图 8-22（a）、图 8-22（b）]。

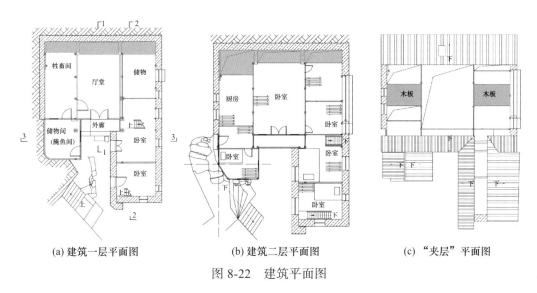

(a) 建筑一层平面图　　(b) 建筑二层平面图　　(c) "夹层"平面图

图 8-22　建筑平面图

注：1—1 剖面图、2—2 剖面图、3—3 剖面图如图 8-25、图 8-27、图 8-29 所示。

正房总层高约 6.2 米，东厢房总层高约 4.7 米，西厢房高约 5.3 米。同时，厅堂一二层地面高度均要比侧间及厢房高出 0.2 米左右。凸显出正房以及厅堂的主体地位（图 8-23）。

（二）空间的争取与利用

该三合院式石屋民居的明间二层设有挑出的外廊，并且外侧栏杆上有直棂花纹的镂空雕饰。

在建筑正房二层正贴与边贴穿枋上搭接木板，在两侧间内形成一个"夹层"。在枋上搭一木楼梯，就可以进入"夹层"中，可作为卧室使用 [图 8-22（c）、图 8-24]。这样的设计充分利用了三角形屋架下山间内空间。

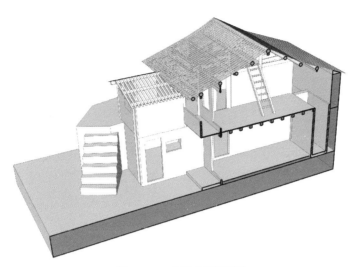

图 8-23　建筑剖透视图

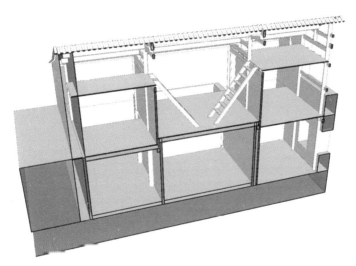

图 8-24　"夹层"透视图

三、结构与造型

（一）木构架

正房正贴为九架五柱（后檐口处椽直接架在石墙上，实际为八檩），二层挑出一步做外廊。前双步梁上以方斗承前单步梁，后双步梁上则以短柱承后单步梁，梁上分别置檩（图 8-25、图 8-26）。西边贴中柱落地，为九架五柱八檩形式（图 8-27、图 8-28）。正房东侧山墙处未见边贴木构架，为硬山搁檩的做法。相邻檩条之间等距，但前后各金檩并不等高，形成前短后长的不等坡屋面，屋面具有明显的举折，且前坡屋面坡度要更缓一些。

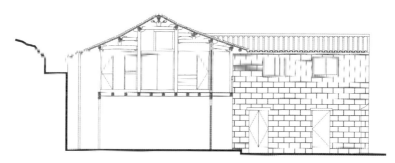

图 8-25　1—1 剖面图

图 8-26　正房正贴木构架透视图

图 8-27　2—2 剖面图

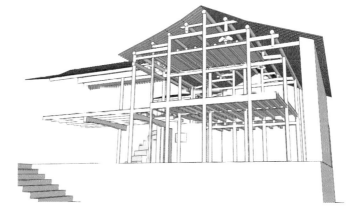

图 8-28　正房边贴木构架透视图

东西厢房有若干木构件缺失，根据现存木构件可以判断西厢房为四架三柱长短坡，屋面举折较为明显。东厢房为五架四柱形式，屋面无明显举折（图 8-29）。

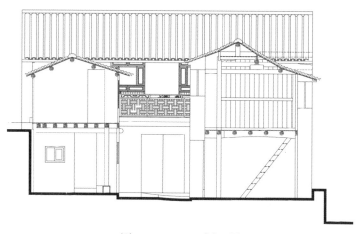

图 8-29　3—3 剖面图

在构件尺寸上，檩条尺寸有较为明显的主次关系。正房脊檩较大，檩径达到 19 厘米，各金檩的檩径依次随高度减小，檐檩檩径约 15 厘米。柱径尺寸较为统一，均在 15 厘米左右。正房东侧正贴中柱和金柱要稍粗一些，柱径达到 20 厘米。柱子下方的柱础均为石质方形柱础，正贴中柱下方柱础有简单的线脚。

（二）外墙形态

该建筑外墙各立面所用石材大小与砌筑方法较为统一。外石墙采用规整的角石进行砌筑，角石厚度约 0.25 米，长度在 0.5 米左右，采用丁顺组合的砌法。角石之间运用牡蛎灰勾缝，并采用平缝的勾缝方式，勾缝不明显（图 8-30）。

图 8-30　西厢房东侧石墙

该建筑西侧山墙以角石砌筑，整齐砌筑的角石下沿用细密的鹅卵石叠成长条的围墙，且有较强的装饰效果。鹅卵石围墙下方是由大小不同的块石叠砌的驳坎，给人一种粗犷自然之感，加强了墙体整体厚重稳定的效果。二种墙面形成粗与细、疏与密、虚与实的对比，使整个立面富有动态的变化（图8-31）。建筑东厢房外墙面则用木板拼接而成，呈现出轻快的立面形态（图8-32）。

图 8-31　西厢房西侧山墙立面　　　　　图 8-32　东厢房木板外墙立面

四、装修与细部处理

（一）木构件装饰

1. 束尾和替木

在正房正贴脊檩及前后金檩处均设有束尾。脊檩处束尾左右对称，下方同样以枭混线相交作为主要的线条元素，其上刻有简单的云纹图案。金檩处的束尾为不对称的环曲构件形式，表面无雕饰（图8-33）。

(a) 脊檩处束尾　　　　　　　　(b) 金檩处束尾

图 8-33　脊檩处和金檩处束尾

檩条、梁枋等构件下端均设有替木构件，形式、尺寸，以及曲线雕刻和四合院石屋中的替木构件均相类似（图 8-34）。

图 8-34 替木

2. 梁式

该建筑中的梁多为平梁，其梁身具有细微的形式变化。梁的断面并非方整的矩形，如建筑正贴处的横梁，随立面上的线条转折位置及梁身断面，将梁头从较宽的中部渐收至较窄的上下顶面，从而使梁身具有自然的弧度。梁枋收头做法多较为简单，梁端多为上下同宽的平直或为钝圆。也可见梁头雕成卷草的样式（图 8-35）。

图 8-35 卷草式梁头

3. 栏杆

该建筑二层外廊的木制栏杆，其上镂空雕刻直棂花纹（图 8-36），两端望柱柱头为方形，其上刻有花草图案的浮雕（图 8-37）。

图 8-36　二层栏杆立面　　　　　　　　　图 8-37　望柱柱头雕饰

（二）门、窗

该建筑院门与宅门均为里箬村一般石屋民居中常见的做法。建筑正房厅堂及东厢房卧室处分别有两扇格栅门，有一扇已不存在，但上槛连楹处向外凸出用以固定门轴的木制构件尚存，与雀替的处理手法相类似，雕刻以简单的云饰曲线。另一扇格栅门保存较为完好，扇心为镂空直棂纹，中间雕刻有花草的图案，绦环板及裙板无雕饰，为薄木板拼合而成［图 8-38（a）］。

该建筑外墙窗原多为木板窗，现已不存在，西侧外墙上的各窗洞尺寸大小均不同。有的用窄而长的条石支撑窗洞上下沿以稳固窗洞结构，也起到了一定的立面修饰作用。相较于外墙窗，建筑的宅内窗尺寸更大。在内部轻质木隔墙中采用木制直棂窗来分隔室内空间，营造出较为通透的室内空间［图 8-38（b）］。

(a) 木质格栅门　　　　　　　　　　(b) 木制直棂窗

图 8-38　木窗扇

第三节 "L"式石屋民居

一、建筑概况

这座"L"式石屋民居位于外箬路北侧的平台之上，为典型的石木结构建筑，由原普通三开间横长方形的住宅发展而来。建筑现由层高一层的西屋与层高两层的北屋组成，西屋建造时间约在清朝末年，北屋建造时间约为 20 世纪 70 年代。建筑整体体量较小，占地面积约 85 平方米，建筑面积约 81 平方米（图 8-39）。

(a) 建筑透视图   (b) 建筑模型图

图 8-39 "L"式石屋照片与模型图

二、平面与空间

（一）平面组成

该建筑西屋为三开间，明间面阔约 3 米，次间稍窄约 2.6 米，进深约 4 米，建筑层高约 3 米。明间为厅堂，中置一张八仙桌，上置祖先牌位。左右次间为卧房。北屋为两开间，通面阔约 4.2 米，进深约 3 米。北屋一层层高仅约 1.8 米，二层层高达到 3 米，故一层空间显得较为低矮阴暗。一层原为厨房与就餐区域，东侧山墙面上还留着排烟口（图 8-40）。

（二）空间的争取和利用

该建筑位于外箬路与北侧道路之间的三角形场地内，并借由外箬路与建筑平台之间的高差和建筑围合成三角形的院落。建筑院落、外箬路及北侧道路之间分别位于不同高度的平台上，外箬路与建筑北侧道路之间存在约 1.8 米的高差，西屋和北屋一层亦存在约 0.5 米的高差，并通过建筑内部的石阶来进行交通联系。建筑利用了地形间的高差，营造出了错落有致的室内外空间［图 8-41（a）］。

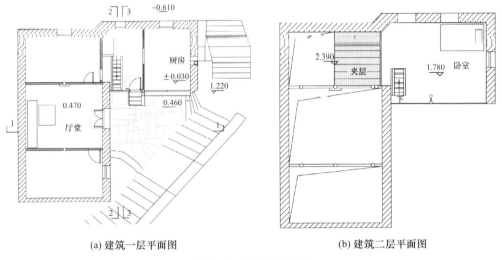

(a) 建筑一层平面图　　　　　　　(b) 建筑二层平面图

图 8-40　建筑平面图

注：1—1 剖面图、2—2 剖面图、3—3 剖面图如图 8-42、图 8-44、图 8-46 所示。

为了争取更多的建筑空间，北屋二层空间向南挑出约 0.3 米。同时，在北屋二层楼板西端竖立若干木板，并在木板和西屋木构架的中柱上纵向搭两条穿枋，在两条穿枋上拼接薄木板，形成一个夹层。夹层可以用作储藏空间，也可以铺成床铺供人使用，合理地利用了屋顶下山间的空间〔图 8-41（b）〕。

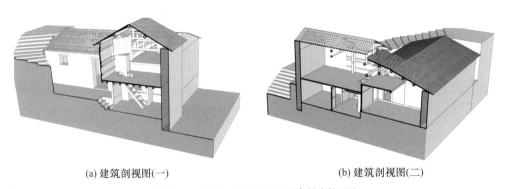

(a) 建筑剖视图（一）　　　　　　　(b) 建筑剖视图（二）

图 8-41　"L"式石屋民居建筑剖视图

三、结构与造型

（一）木构架

西屋正贴木构架为七架单柱（前后檐口处椽直接架在石墙上，实际为五檩），只有中柱落地。而在两侧墙体内也未发现设置柱子，且西屋山墙面也未发现木构架，大梁直接插入两侧墙体内，檩条则直接插入山墙内（图 8-42）。

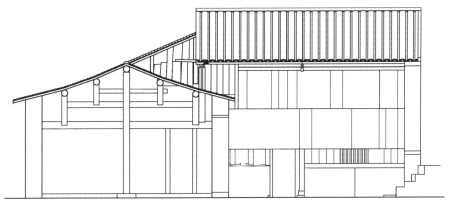

图 8-42　1—1 剖面图

北屋西侧的木构架南侧的柱子直接落在西屋正贴的大梁之上（图 8-43），上承平梁，梁一端承托南侧檐檩，另一端插入北侧石墙内，其上再立三根短柱来承托脊檩和金檩条，并通过穿枋相连（图 8-44）。同时，西屋北侧屋顶的橡子一端置于西屋屋架上，另一端则直接搁在北屋西侧木构架的穿枋之上（图 8-45）。

北屋另一榀屋架为后期改造的简易三角形屋架，一根直径约 80 厘米的圆木一端架在柱子上，一端插入北侧石墙中，与上部两根圆木组成三角形屋架，中间两根细圆木作为腹杆，呈"V"字形连接上下圆木，形成三角形式的构架，其上置檩条来支撑屋顶，檩条东端则直接插入山墙内（图 8-46）。

图 8-43　局部木构架做法

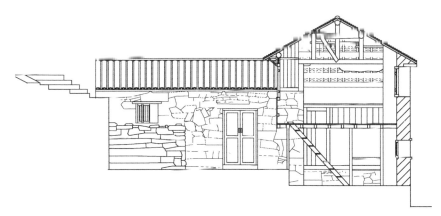

图 8-44　2—2 剖面图

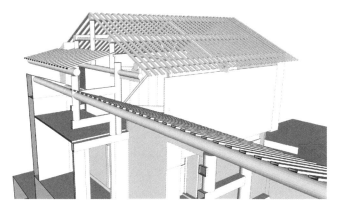

图 8-45　局部木构架做法示意图

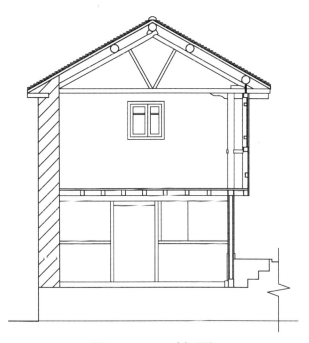

图 8-46　3—3 剖面图

（二）墙体形态

西屋外墙为不规整的块石叠砌而成。西屋北侧山墙上方用规格较小的块石叠砌，下方则使用尺寸较大的块石，在同一立面上形成强烈对比（图8-47）。北屋北侧外墙则为规整的角石砌筑，牡蛎灰凹缝勾缝，呈现出与西屋外墙完全不同的立面形态（图8-48）。

图 8-47　西屋北山墙外立面形态

图 8-48　北屋北山墙外立面形态

北屋南侧立面上则分别采用了石板与木板作为一层和二层外墙材料。二层外墙为连续的厚约3厘米的木板拼接而成，木板通过钉子固定在穿枋上，木板墙上端设有七扇长木板窗（图 8-49）。

图 8-49　北屋南侧立面

四、装修与细部处理

该建筑内的门为木板门，外墙窗为传统的木板窗，均为里箬村常见的门窗做法。北屋一层南立面有一处木质直棂窗（图 8-50），为建筑中不多的装饰构件之一。建筑内部原为石板铺地，如今石板损坏已较为严重。西屋大部分铺地石板现已不存在，成为夯土地面。院落内石板铺地保存较为完好，院落靠北屋一侧有简易的排水明沟设计用以排水（图 8-51）。

图 8-50　木质直棂窗　　　　　　图 8-51　石板墙与院落石板铺地

第九章 结 语

第一节　关于石屋聚落研究

石塘聚落由于其特殊的半岛环境、连绵的丘陵地形、频繁的台风、独特的生产生活、迁徙的闽南文化、多元的宗教信仰等环境的氛围，形成了独特的聚落肌理。

石塘拥有独特的地域文化、民俗传统和民间信仰，这些社会要素与聚落肌理密切相关，尤其是在移民文化影响下形成的丰富多元的民间信仰，民间信仰场所与其独特的沿海山地聚落肌理的形成有着密切的关系。不同种类民间信仰与不同层级祭祀圈的庙宇与聚落肌理产生了不同的关系，一方面，是对于聚落肌理形态，另一方面，是对于人们日常生活中的社交行为。将庙宇分为超村落性庙宇与村落性庙宇两个层级，在超村落性庙宇与聚落肌理之间可以分为密集村落群控制型、松散村落群控制型这两种肌理控制关系；在村落性庙宇和聚落的共同作用下，形成了村落中心型与村落边缘型这两种庙宇与聚落肌理特征。从民间信仰场所的角度研究石塘聚落肌理，可以发现，这是一个各种文化之间不断相互影响、不断积累的过程，逐步达到了平衡并相互融合，最终形成了富有生活气息，同时满足了人们日常使用和心理需求的聚落空间体系。

在石塘聚落肌理的生产要素层面，产业主要为海洋渔业、盐业、制冰业、手工业及商业，而其中对石塘聚落肌理等形成起到主导作用的生产方式便是海洋渔业。本书详细研究了石塘渔业生产历史与过程，并总结了渔港与码头的类型。而直接影响渔港码头与聚落选址的便是地理风向，因此，根据夏季常风向（即台风风向）划分了背风面码头、迎风面码头与半迎风面码头，并把由多种类型码头组合而成的大型码头称为复合型码头。根据码头与聚落骨架、聚落方向性和聚落疏密性三个层面的关系来总结不同码头作用下的聚落肌理的特征，其中，与聚落肌理关系最紧密的是背风面码头、半迎风面码头和复合型码头。

在石塘聚落肌理的生活要素层面，包括街巷模式、淡水体系及防御体系这三个方面。

街巷模式主要由民居、街巷空间、交互节点共同构成。民居在定居与发展阶段呈现不同的聚落肌理形态，各种特征性巷空间构成了不同业态的街巷肌理特征，影响了聚落肌理形成趋势；交互节点是聚落中的重要公共空间，也是肌理骨架的节点，是聚落肌理的组成要素。其中，对于聚落肌理产生最直接影响的便是街巷空间，根据街巷所处地形，总结了缓坡型街巷与陡坡型街巷肌理特征；根据街巷的功能，总结了商业型街巷与居住型街巷肌理特征。除了街巷空间，淡水体系也是组成聚落肌理的重要因素，水井是石塘聚落中最主要的淡水来源，水井的空间布局与石塘聚落居民的日常生活方式相互影响，并且成为了肌理中的小型节点空间，通过调研分析可以得出水井沿道路分布明显、位于聚落中心分布明显这两个空间布局特征。最后，防御体系也是组成聚落肌理的重要因素，碉楼是保证石塘聚落生活安全性的重要防御建筑，可分为纯防御性碉楼（包括过街楼）与宅碉一体碉楼这两类，并通过与国内其他地域的传统防御型建筑对比，总结得出石塘碉楼在聚落中的肌理特征上有"点面结合""多点集聚"这两大特征，碉楼对于聚落肌理的作用是一种"点"对"面"的影响。

第二节　关于石屋建筑研究

石塘镇位于浙江省东部沿海，具有极其特殊的地形气候和人文历史环境，孕育出了极具地域特色的山海石屋。本书以石塘里箬村为重点研究对象，探究了山海石屋建筑的空间形态特点。

里箬村位于温岭市石塘镇的西南部，环山面海，其山海地貌在石塘镇十分典型。且里箬村的山海石屋建筑保存较为完好，也具有一定的代表性。里箬村位于由山体和海湾共同组成的地形单元内。这种山海并存的地理格局形成了山海双重边界、山地和海上两种交通系统。山体为村落提供了天然的抗台风屏障，一南一北两处海湾则为村民的生存提供了保障。海湾不仅是渔业生产的场所，同时源源不断的淡水和生活物资也由海湾处的货运码头运往里箬村。

里箬村的山地道路可以分为主要道路和次要道路。主要道路为外箬路、鸬鹚咀路和金涯尾路三条。山地次要道路宽度较主要道路更窄，呈现出横纵交叉式的布局形态，横向的次要道路基本顺应山体等高线分布，纵向的次要道路则垂直于山体等高线，存在明显的高差，形成高低错落的平台。

里箬村的石屋则建于这些不同高差的平台上，通过石阶、驳坎、坡道来连接各个平台，道路与建筑产生多样的关系，营建出丰富多样、高低错落的村落空间，从而形成了五个最主要的村落空间节点，分别是鹁鸪咀路始端广场、三角广场、大奏鼓广场、禹王庙、庙前广场及观景平台，不仅为民众活动提供了场所，也为处于不同位置的观察者呈现出丰富多样的村落景观风貌。

由于靠近海湾意味着海上交通和渔业生产的便利，村民在最初选址造屋的过程中，多将石屋建在山体靠海一侧，故里箬村山海石屋在建村最初呈现出沿海湾展开的肌理特征，建筑的朝向具有强烈的向海性。经过了长时间的发展，在里箬村不同区域内的建筑布局亦根据地形坡度和高差的差异呈现出不同的村落肌理形态。

最后，通过对里箬村石屋测绘资料的分析发现，在空间形态上，里箬村的山海石屋建筑体量较小，各建筑单体之间相对独立，未形成多进多落的建筑组群。以厅堂为主轴展开形成对称式布局，并具有外部封闭、内部开敞的空间特征。在建筑构造上，通过以石材砌筑厚实的外墙，建造平缓屋顶，以块石压顶等做法来适应当地的台风天气。并通过与以闽台地区为代表的东南沿海其他地区的民居建筑进行对比研究，发现里箬村的石屋建筑在空间和营建上与闽台地区的石构建筑呈现出一定的相似性。这是因为两者所处的气候环境颇为相近，其中，台风天气起到了较为关键的作用。

参考文献

［1］吴玉明，朱伟军.温岭市石屋保护利用现状及建议［J］.新农村，2017(11)：14-15.

［2］吴良镛.人居环境科学导论［M］.北京：中国建筑工业出版社，2001.

［3］王挺.浙江省传统聚落肌理形态初探［D］.杭州：浙江大学，2011.

［4］凯文·林奇.城市形态［M］.林庆怡，等译.北京：华夏出版社，2001.

［5］王文卿，陈烨.中国传统民居的人文背景区划探讨［J］.建筑学报，1994(7)：42-47.

［6］王文卿，周立军.中国传统民居构筑形态的自然区划［J］.建筑学报，1992(4)：12-16.

［7］常青.我国风土建筑的谱系构成及传承前景概观：基于体系化的标本保存与整体再生目标
　　［J］.建筑学报，2016(10)：1-9.

［8］常青.风土观与建筑本土化　风土建筑谱系研究纲要［J］.时代建筑，2013(3)：10-15.

［9］绿色房舍：具有浓郁神话色彩的古希腊石屋［J］.中国总会计师，2014(12)：159.

［10］胡惠琴.世界住居与居住文化［M］.北京：中国建筑工业出版社，2008.

［11］拉普卜特.宅形与文化［M］.常青，等译.北京：中国建筑工业出版社，2007.

［12］刘敦桢.中国住宅概说［M］.天津：百花文艺出版社，2004.

［13］伯纳德·鲁道夫斯基.没有建筑师的建筑［M］.高军，译.天津：天津大学出版社，2011.

［14］吴良镛.广义建筑学［M］.北京：清华大学出版社，2011.

［15］陆元鼎.中国民居建筑［M］.广州：华南理工大学出版社，2003.

［16］孙大章.中国民居研究［M］.北京：中国建筑工业出版社，2004.

［17］陆元鼎.中国民居建筑丛书［M］.北京：中国建筑工业出版社，2008.

［18］刘甦，邓庆坦，赵鹏飞.从以官式建筑为蓝本到以传统民居为源泉：中国立基传统文化建
　　筑潮流的历史转向［C］.中国民居学术会议，2010:1-6.

［19］周易知.东南沿海地区传统民居斗·栱挑檐做法谱系研究［J］.建筑学报，2016(S1)：103-
　　107.

［20］杜家烨，包志毅.浙江民居中的地域文化及其成因［J］.建筑与文化，2017(11)：210-211.

［21］中国建筑设计研究院建筑历史研究所.浙江民居［M］.北京：中国建筑工业出版社，
　　2006.

［22］李秋香，等 . 浙江民居［M］. 北京：清华大学出版社，2010.

［23］高嵬 . 浙江传统民居 (沿海石屋群) 改造与保护探究［J］. 建筑与文化，2015(2)：130-131.

［24］陈凯业 . CAS 视角下的温岭石塘镇沿海山地聚落形态及成因探析［D］. 杭州：浙江大学，
2018.

［25］田一川 . 浙江温岭石塘里箬村传统山海石屋研究［D］. 杭州：浙江大学，2019.

［26］张帅 . 石塘传统民居的材料使用及其成因初探［J］. 山西建筑，2010(1)：59-60.

［27］王秀萍，李学 . 温岭石塘传统民居的生态理念初探［J］. 艺术与设计 (理论)，2010(12)：
118-120.

［28］邱健，胡振宇 . 沿海传统建筑的抗台风策略：以浙江省温岭市石塘镇石屋为例［J］. 小城
镇建设，2008(3)：98-100.

［29］陈耆卿 . 嘉定赤城志［M］. 上海：上海古籍出版社，2016.

［30］喻长霖，等 . 台州府志［M］. 上海：上海古籍出版社，2015.

［31］庄子 . 庄子［M］. 孙通海，译 . 北京：中华书局，2007.

［32］李琼，沈晓宁 . 崇武古城［J］. 对外大传播，1999(Z2)：44-45.

［33］郑若曾 . 筹海图编［M］. 北京：中华书局，2007.

［34］曾才汉，等 . 太平县古志三种［M］. 北京：中华书局，1997.

［35］夏琳 . 闽海纪要［M］. 福州：福建人民出版社，2008.

［36］顾诚 . 南明史［M］. 北京：光明日报出版社，2011.

［38］吴忠匡 . 满汉名臣传［M］. 哈尔滨：黑龙江人民出版社，1991.

［39］温岭县志编纂委员会 . 温岭县志［M］. 杭州：浙江人民出版社，1992.

［40］孙国华 . 中华法学大辞典：法理学卷［M］. 北京：中国检察出版社，1997.

［41］卢济威，王海松 . 山地建筑设计［M］. 北京：中国建筑工业出版社，2001.

［42］高广华，曹中，何韵，等 . 我国南方海岛传统建筑气候适应性应对策略探析［J］. 南方建筑，
2016(1)：60-64.

［43］夏征农 . 辞海：1999 年版缩印本［M］. 上海：上海辞书出版社，2000.

［44］中国社会科学院语言研究所词典编辑室 . 现代汉语词典［M］.7 版 . 北京：商务印书馆，
2016.

［45］林国平 . 关于中国民间信仰研究的几个问题［J］. 民俗研究，2007(1)：5-15.

［46］乌丙安 . 中国民间信仰［M］. 上海：上海人民出版社，1996.

［47］陈国强，周立方 . 妈祖信仰的民俗学调查［J］. 厦门大学学报 (哲学社会科学版)，

1990(1)：103-107.

[48] 周彝馨.移民聚落空间形态适应性研究：以西江流域高要地区"八卦"形态聚落为例［M］.北京：中国建筑工业出版社，2014.

[49] 戴志坚.福建民居［M］.北京：中国建筑工业出版社，2009.

[50] 丁俊清，杨新平.浙江民居［M］.北京：中国建筑工业出版社，2009.

[51] 陈桥驿.浙江地理简志［M］.杭州：浙江人民出版社，1985.

[52] 温岭市档案局.大奏鼓［J］.浙江档案，2010(11)：42-43.

[53] 陈思羽.温岭箬山大奏鼓初探［J］.大众文艺，2017(11)：45-46.

[54] 张诗扬，屈啸宇，刘子怡，等.地方节庆类民俗在"后非遗"时代的演变与发展：以石塘小人节为例［J］.北方文学，2018(3)：169-171.

[55] 太平县地方志编纂委员会.光绪太平续志［M］.北京：中华书局，1997.

[56] 孟令国，高飞.结构、功能、冲突：社会学视野中的民间信仰场所：以温岭石塘为例［J］.淮北煤炭师范学院学报(哲学社会科学版)，2010(5)：89-93.

[57] 陈凯业，王洁.温岭石塘镇聚落社会性构造与信仰场所空间构造的关联性探索［J］.建筑与文化，2018(9)：177-178.

[58] 高飞，孟令国.石塘民间信仰文化特色论析［J］.社会科学战线，2009(6)：162-167.

[59] 班固.汉书［M］.北京：中华书局，1962.

[60] 王荣国.明清时期海神信仰与海洋渔业的关系［J］.厦门大学学报(哲学社会科学版)，2000(3)：130-135.

[61] 顾希佳.浙江民间信仰现状刍议［J］.浙江社会科学，1999(5)：66-70.

[62] 郑振满，陈春声.民间信仰与社会空间［M］.福州：福建人民出版社，2003.

[63] 苏彬彬，朱永春.传统聚落中民间信仰建筑的流布、组织及仪式空间：以闽南慈济宫为例［J］.城市建筑，2017(23)：43-45.

[64] 林志斌，江柏炜."合境平安"：金门烈屿东林聚落的民间信仰及空间防御［J］.闽台文化研究，2014(3)：40-58.

[65] 于颖泽.闽南侨乡传统宗族聚落空间结构研究：以灵水古村为例［D］.福建：华侨大学，2017.

[66] 黄敏辉.从村镇寺庙看浙江民间信仰的现状：以武义白姆白水灵宫为个案［D］.金华：浙江师范大学，2006.

[67] 寒鲲.昭惠庙真武庙天后宫生生不息的海神信仰［J］.国家人文历史，2021(20)：86-93.

［68］顾雪萍.广府神庙建筑的形制研究［D］.广州：华南理工大学，2017.

［69］肖瑶.川江流域历史城镇码头地段文化景观的演进与更新［D］.重庆：重庆大学，2014.

［70］桂劲松，温志超，毕恩凯，等.渔港建设标准中码头岸线长度的确定[J].大连海洋大学学报，2015(5)：558-562.

［71］李安迪.渔港锚泊地防台避风能力研究：以温岭石塘渔港为例［D］.上海：上海海洋大学，2020.

［72］《中国兵书集成》编委会.中国兵书集成［M］.北京：解放军出版社，1990.

［73］郑伟.不同居住模式的邻里空间原型的比较研究：以北京四合院、李坑村和社区为例［D］.北京：北京服装学院，2010.

［74］张彤.整体地区建筑［M］.南京：东南大学出版社，2003.

［75］林志森.基于社区结构的传统聚落形态研究［D］.天津：天津大学，2009.

［76］苏宏志，陈永昌.城市成长中传统街、巷、院落空间的继承与发展研究［J］.重庆建筑大学学报，2006(5)：70-74+78.

［77］李晨曦，周飞碟，付予.湘江沿岸传统聚落街巷空间形态研究［J］.工业设计，2021(7)：125-126.

［78］王磊.新疆喀什噶尔古城传统聚落街巷空间形态研究［J］.装饰，2013(10)：123-124.

［79］王艳.秩序与意义的重构：对当前历史街区保护的思考［J］.规划师，2006（9）：73-75.

［80］陈永林，张爱明，柴超前，等.客家聚落水井的文化地理学诠释：以赣县白鹭村为例［J］.赣南师范大学学报，2017(4)：33-39.

［81］杨文斌，韩泽宇.传统村落水井空间研究［J］.山西建筑，2017(4)：6-7.

［82］费孝通.费孝通自选集［M］.北京：首都师范大学出版社，2008.

［83］郑镛.明代漳州倭患与民众抗倭［J］.闽台文化研究，2006(3)：29-33.

［84］贝思飞.民国时期的土匪［M］.2版.徐有威，等译.上海：上海人民出版社，2010.

［85］张国雄.开平碉楼的类型、特征、命名［J］.中国历史地理论丛，2004(3)：24-33.

［86］郑琦.台州碉楼建筑保护策略［J］.台州学院学报，2022(1)：26-31.

［87］张国雄.中国碉楼的起源、分布与类型［J］.湖北大学学报(哲学社会科学版)，2003(4)：79-84.

［88］梁雄飞，阴劼，杨彬，等.开平碉楼与村落防御功能格局的时空演变［J］.地理研究，2017(1)：121-133.

［89］邵银燕.海山人家话里箬［J］.今日浙江，2014(11)：58-59.

［90］陈其恩.石塘风情［M］.北京：人民日报出版社，2006.

［91］陈勤建.当代七月七"小人节"的祭拜特色和源流：浙江温岭石塘等地与台南、高雄七夕祭的比较［J］.广西师范学院学报（哲学社会科学版），2005(2)：5-9.

［92］杨定海.海南岛传统聚落与建筑空间形态研究［D］.广州：华南理工大学，2013.

［93］陈卓.浙江山地传统村落松阳县塘后村保护与更新研究［D］.重庆：重庆大学，2017.

［94］王家和.泉州沿海石厝民居初探［D］.泉州：华侨大学，2006.

［95］李乾朗.从大木结构探索台湾民居与闽、粤古建筑之渊源［A］.

［96］赖世贤，刘毅军.深井与厝埕：闽南官式大厝外部空间简析［J］.华中建筑，2008(12)：215-219.

［97］李炜，张智强，郭颖.闽台传统民居建筑的气候适用性探究［J］.福建建筑，2013(10)：50-52.

［98］郑东.闽台古厝民居：闽台文化的活化石［J］.闽都文化研究，2004(2)：1247-1256.

［99］缪小龙.澎湖传统聚落及建筑研究（下）［J］.华中建筑，2011(9)：189-194.

［100］郑善文，刘杰.南方合院式民居空间特征对比研究：以湘西窨子屋、徽州民居、云南一颗印为例［J］.中外建筑，2018(9)：55-57.

［101］李乾朗，阎亚宁，徐裕健.台湾民居［M］.北京：中国建筑工业出版社，2009.

［102］姚承祖.营造法原［M］.北京：中国建筑工业出版社，1986.

［103］刘成.江南地区传统民居天井尺度之地域性差异探讨［J］.建筑史，2012(2)：115-125.

［104］姚安安.舟山传统民居建筑环境适应性研究［J］.四川建筑，2011(5)：73-75.

［105］朱丽平.舟山传统民居建筑生存智慧浅析［J］.装饰，2009(10)：131-132.

［106］缪小龙.马祖芹壁传统聚落研究：兼论马祖民居的建筑特色［A］.

［107］杨莽华，马全宝，姚洪峰.闽南民居传统营造技艺［M］.合肥：安徽科学技术出版社，2013.

［108］郑力鹏.中国古代建筑防风的经验与措施（二）［J］.古建园林技术，1991(4)：14-20.

［109］王钰萱，王小岗.石塘石屋与崇武石厝用材特点地域性比较研究［J］.城市建筑，2018(14)：117-119.

［110］王钰萱.温岭市石塘镇石屋营造技术研究［D］.西安：西安建筑科技大学，2018.

［111］宋应星.天工开物［M］.沈阳：万卷出版公司，2009.

［112］康锘锡.马祖民居［A］.